普通高等教育"十一五"国家级规划教材

全国高等美术院校建筑与环境艺术设计专业教学丛书　The Application and Design
实验教程　of Decoration Material

环境艺术工程制图

鲍诗度　黄更　于妍　编著

中国建筑工业出版社

图书在版编目（CIP）数据

环境艺术工程制图/鲍诗度等编著.—北京：中国建筑工业出版社，2007（2021.3重印）
（全国高等美术院校建筑与环境艺术设计专业教学丛书实验教程）
ISBN 978-7-112-08734-1

Ⅰ.环…　Ⅱ.鲍…　Ⅲ.环境设计-工程制图-高等学校-教材　Ⅳ.TU-856

中国版本图书馆 CIP 数据核字（2007）第 203505 号

责任编辑：唐　旭
责任设计：赵明霞
责任校对：梁珊珊　孟　楠

普通高等教育"十一五"国家级规划教材
全国高等美术院校建筑与环境艺术设计专业教学丛书
实验教程

环境艺术工程制图
鲍诗度　黄　更　于　妍　编著

＊
中国建筑工业出版社出版、发行（北京西郊百万庄）
各地新华书店、建筑书店经销
北京天成排版公司制版
北京建筑工业印刷厂印刷
＊
开本：787×960毫米　1/16　印张：11½　字数：223千字
2008年4月第一版　　2021年3月第十次印刷
定价：49.00元
ISBN 978-7-112-08734-1
　　　（36904）

全国高等美术院校建筑与环境艺术设计专业教学丛书
实验教程

编委会

● 顾　问（以姓氏笔画为序）

马国馨　张宝玮　张绮曼　袁运甫
萧　默　潘公凯

● 主　编

吕品晶　张惠珍

● 编　委（以姓氏笔画为序）

马克辛　王国梁　王海松　王　澍　何小青
何晓佑　苏　丹　李东禧　李江南　李炳训
陈顺安　吴晓敏　吴　昊　杨茂川　郑曙旸
武云霞　郝大鹏　赵　健　郭去尘　唐　旭
黄　耘　黄　源　黄　薇　傅　祎　鲍诗度

总 序

中国高等教育的迅猛发展,带动环境艺术设计专业在全国高校的普及。经过多年的努力,这一专业在室内设计和景观设计两个方向上得到快速推进。近年来,建筑学专业在多所美术院校相继开设或正在创办。由此,一个集建筑学、室内设计及景观设计三大方向的综合性建筑学科教学结构在美术学院教学体系中得以逐步建立。

相对于传统的工科建筑教育,美术院校的建筑学科一开始就以融会各种造型艺术的鲜明人文倾向、教学思想和相应的革新探索为社会所瞩目。在美术院校进行建筑学与环境艺术设计教学,可以发挥其学科设置上的优势,以其他艺术专业教学为依托,形成跨学科的教学特色。凭借浓厚的艺术氛围和各艺术学科专业的综合优势,美术学院的建筑学科将更加注重对学生进行人文修养、审美素质和思维能力的培养,鼓励学生从人文艺术角度认识和把握建筑,激发学生的艺术创造力和探索求新精神。有理由相信,美术院校建筑学科培养的人才,将会丰富建筑与环境艺术设计的人才结构,为建筑与环境艺术设计理论与实践注入新思维、新理念。

美术学院建筑学科的师资构成、学生特点、教学方向,以及学习氛围不同于工科院校的建筑学科,后者的办学思路、课程设置和教材不完全适合美术院校的教学需要。美术学院建筑学科要走上健康发展的轨道,就应该有一系列体现自身规律和要求的教材及教学参考书。鉴于这种需要的迫切性,中国建筑工业出版社联合国内各大高等美术院校编写出版"全国高等美术院校建筑与环境艺术设计专业教学丛书",拟在一段时期内陆续推出已有良好教学实践基础的教材和教学参考书。

建筑学专业在美术学院的重新设立以及环境艺术设计专业的蓬勃发展，都需要我们在教学思想和教学理念上有所总结、有所创新。完善教学大纲，制定严密的教学计划固然重要，但如果不对课程教学规律及其基础问题作深入的探讨和研究，所有的努力难免会流于形式。本丛书将从基础、理论、技术和设计等课程类型出发，始终保持选题和内容的开放性、实验性和研究性，突出建筑与其他造型艺术的互动关系。希望借此加强国内美术院校建筑学科的基础建设和教学交流，推进具有美术院校建筑学科特色的教学体系的建立。

　　本丛书内容涵盖建筑学、室内设计、景观设计三个专业方向，由国内著名美术院校建筑和环境艺术设计专业的学术带头人组成高水准的编委会，并由各高校具有丰富教学经验和探索实验精神的骨干教师组成作者队伍。相信这套综合反映国内著名美术院校建筑、环境艺术设计教学思想和实践的丛书，会对美术院校建筑学和环境艺术专业学生、教师有所助益，其创新视角和探索精神亦会对工科院校的建筑教学有借鉴意义。

吕品晶

中央美术学院建筑学院教授

前　言

　　环境艺术设计专业的学生与其他设计专业的学生不同，他们毕业后除了从事景观设计、室内设计、展示设计等设计工作外，大多从事建筑设计等其他项目设计的前期工作，如建筑方案设计等；有些项目从方案设计到施工图还要全程进行设计，如装饰设计、室内设计，为此工程制图从概念到规则都要掌握，室内中央空调在什么位置？结构主体是什么？强弱电的外接设施如何布置比较合适等等？这些基本概念清楚了，对项目设计是非常有利的。这些是环境艺术设计专业性质所决定的，其专业特点是多学科、多专业综合交叉，制图课程要涉及到规划、建筑、园林绿化、电气、暖通、结构、室内装修等，因为专业的特殊原因，环境艺术设计专业工程制图课程内容要涉及到建筑学的"建筑制图"、"画法几何及土木工程制图"、园林学"园林工程制图"、产品设计专业"家具与灯具设计制图"等这些专业的部分章节等，如何在一门课程上让学生了解这些基本知识。编写一本适合本专业课程内容教学用的教材，也是学科自然发展和变革的需要。但是从来没有一本能够包括这些内容的教材供课程教学使用。根据专业特点我们自己编写讲义进行教学，从2001年至2007年讲义使用十多次，教学效果一直很好。2006年讲义被教育部选入"普通高等教育'十一五'国家级规划教材"，参照平时教学中反馈的实际情况，借这次出版机会重新作了修改。

　　本书的编写依据国家制图标准《房屋建筑制图统一标准GB/T 50001—2001》、《总图制图标准GB/T 50103—2001》、《建筑制图标准GB/T 50104—2001》、《建筑结构制图标准GB/T 50105—2001》、《给水排水制图标准 GB/T 50106—2001》、《暖通空调制图标准GB/T 50114—2001》、《风景园林图例图示标准》等与环境艺术设计相关的专业制图规范标准。在编写中力求图示方法、制图标准和文字叙述三者较好结合起来。针对艺术院校中环境艺术专业的基础教育，使内容通俗易懂，使学生能较轻松地掌握基本图示方法，熟悉制图标准和掌握制图的基本技能。本书是针对高等教育艺术设计专业环境艺术设计方向的二年级学生专业基础课程而编写，第七、八、九、十章只作为引性了解为目的，没有作深入的介绍。

近日东华大学决定正式成立环境艺术设计研究院，是本专业一个很好的发展契机。在此平台上做好学术研究是研究院的首要职责，本书是环境艺术设计研究院正式成立后出版的第一本教材。多出一些本专业的教材，为环境艺术设计专业的发展作出贡献，是我们今后努力的目标。

本书编写过程中得到中国建筑工业出版社李东禧、唐旭等责任编辑的帮助，东华大学环境艺术设计研究院冯琛、高银贵参与本书第四、六、八、九章的编写工作。在此一并致以由衷感谢。

鲍诗度

东华大学　艺术设计学院

2008 年 2 月

目 录

第1章
制图基础

环境艺术设计专业是个综合的学科，当我们在营造建筑或者设计景观与设施时，一般都通过设计意图与表现方法来实现，其中我们的设计意图通常由图样来表达(制图)，制作则依据图样(读图)来实施。这些图样是指在图纸上按照一定的规则绘制的且能表示被绘制工程物体的位置、大小、构造、功能、原理、工艺流程的图样。

为了达到工程图的统一，保证绘图的质量与速度，使图纸简明易懂，符合设计、施工与存档等要求，国家制定了相应的标准与规范。现在学习的制图基础依据国家2001年颁布实行的《房屋建筑制图统一标准 GB/T 50001—2001》、《建筑制图标准 GB/T 50104—2001》、2003年的《建筑工程设计文件编制深度规定》。依据标准绘制图样可以借助绘图仪器手工绘制，也可采用计算机辅助绘制。虽然工具有所差别，但标准和绘图程序与步骤是一致的。

1.1 制图图纸规定

图纸幅面指的是图纸的大小，简称图幅。标准的图纸以A0号图纸841 × 1189为幅面基准，通过对折共分为5种规格。图框是在图纸中限定绘图范围的边界线。图纸的幅面、图框尺寸、格式应符合国家制图标准《房屋建筑制图统一标准 GB/T 50001—2001》的有关规定(见表1-1及图1-1~图1-4)。

幅面及图框尺寸(mm)　　　　　　　　　　　　　　　　表1-1

尺寸代号 ＼ 幅面代号	A0	A1	A2	A3	A4
$b \times l$	841 × 1189	594 × 841	420 × 594	297 × 420	210 × 297
c	10			5	
a	25				

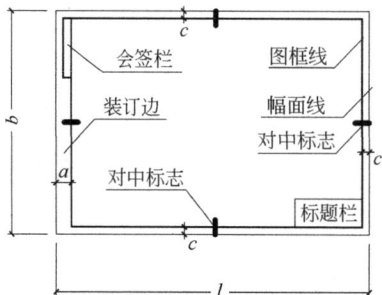

图1-1 A0~A3横式幅面

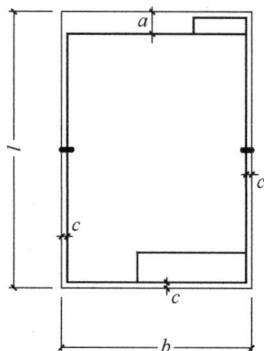

图1-2 A0~A3立式幅面

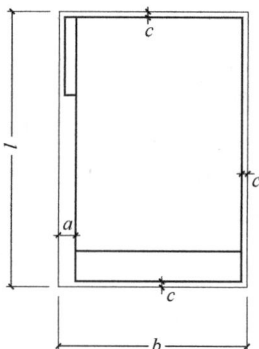

图1-3 A4立式幅面

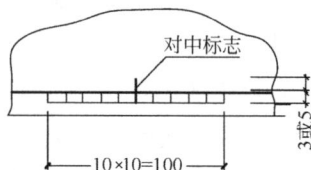

图1-4 米制尺寸

1.1.1 图纸幅面规格

b 为图幅短边尺寸，l 为图幅长边尺寸，a 为装订边尺寸，其余三边尺寸为 c。图纸以短边做垂直边称作横式，以短边作水平边称作立式。一般 A0~A3 图纸宜用横式使用，必要时也可立式使用。一个专业的图纸不适宜采用多于两种的幅面，目录及表格所采用的 A4 幅面不在此限制。

1.1.2 图纸加长尺寸和微缩复制

1. 加长尺寸的图纸只允许加长图纸的长边。

2. 需要缩微复制的图纸，其一个边上应附有一段准确的米制尺寸，四个边上均应附有对中标志米制尺度的总长为100mm，分格应为10mm。对中标志应画在图纸各边长的中点处，线宽应为0.35mm，伸入框内应为5mm(如图1-4)。

图纸长边加长尺寸(mm)　　　　　　表1-2

幅面尺寸	长边尺寸	长边加长后尺寸								
A0	1189	1486	1635	1783	1932	2080	2230	2378		
A1	841	1051	1261	1471	1682	1892	2102			
A2	594	743	891	1041	1189	1338	1486	1635	1783	1932	2080
A3	420	630	841	1051	1261	1471	1682	1892		

1.1.3　标题栏

图纸的标题栏简称图标,是将工程图的设计单位名称、工程名称、图名、图号、设计号及设计人、绘图人、审批人的签名和日期等,集中罗列的表格。标题栏应按照图1-5所示,根据工程需要选择确定其尺寸、格式及分区,除A4立式左右通栏外,其余标题栏均置于图框右下脚,图标中的文字方向为看图方向。签字区应包含实名列和签名列。涉外工程的标题栏内,各项主要内容的中文下方应附有译文,设计单位的上方或左方,应加"中华人民共和国"字样。

1.1.4　会签栏

会签栏是为各种工种负责人签字所列的表格,会签栏应按照图1-6所示,其尺寸

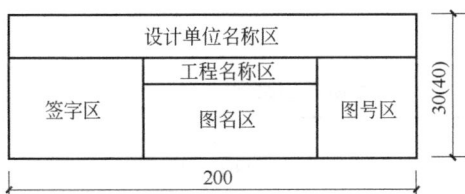

图1-5　标题栏

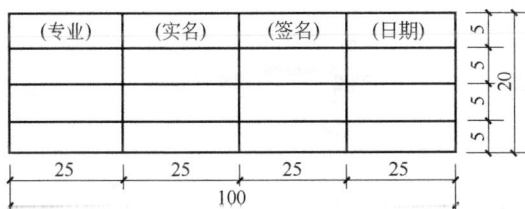

图1-6　会签栏

应为100mm×20mm，栏内应填写会签人员所代表的专业、姓名、日期；一个会签栏不够时，可另加一个，两个会签栏应并列；不需会签的图纸可不设会签栏。

1.1.5 图纸比例

图样表现在图纸上应当按照比例绘制，比例能够在图幅上真实地体现物体的实际尺寸。比例的符号为"："，比例应以阿拉伯数字表示，如1∶1、1∶2、1∶100等；比例宜注写在图名的右侧，字的基准线应取平(见图1-7)；比例的字高宜比图名的字高小一号或二号。图纸的比例针对不同类型有不同的要求，如总平面图的比例一般采用1∶500、1∶1000、1∶2000，可从表1-3中选用。同时，不同的比例对图样绘制的深度也有所不同。具体参见各类型图纸比例要求。

表示所绘制的方案图比例，可以采用比例尺图示法表达，用于方案图阶段，比例尺文字高度为6.4mm(所有图幅)，字体均为"简宋"。比例尺的表达如图1-8。

1.1.6 图纸布局原则

为了能够清晰、快速地阅读图纸，图样在图幅上排列要遵循一定规则，所有构图

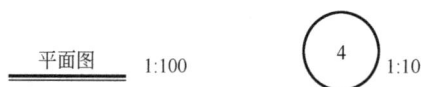

平面图　1∶100　　　　④ 1∶10

图 1-7　比例的注写

绘图所用的比例　　　　　　　　表1-3

常用比例	1∶1　1∶2　1∶5　1∶10　1∶20　1∶50　1∶100 1∶200　1∶500　1∶1000　1∶2000　1∶5000
可用比例	1∶3　1∶15　1∶25　1∶30　1∶40　1∶60　1∶150 1∶250　1∶300　1∶400　1∶600　1∶1500　1∶2500

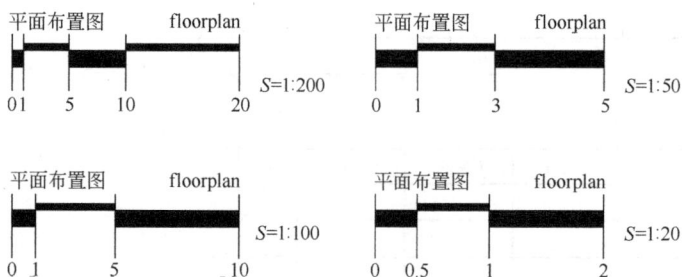

图 1-8　比例尺图示法表达

要呈齐一性原则。这样可以使图面的组织排列在构图上呈统一整齐的视觉编排效果,并且使得图面内的排列在上下、左右都能形成相互对应的齐律性(见图1-9)。

1.1.7 图纸类型及顺序

一个项目的完成是由许多专业共同协调配合完成的,如建筑、结构、水电、暖通等专业,他们按照各自的要求用投影的方法,并遵循国家颁布的制图标准及各专业的习惯画法,完整、准确地用图样表达出构筑物的形状、大小尺寸、结构布置、材料和构造做法,是施工的重要依据(详见各专业设计要求)。

1) 按照设计过程,这些图纸可以分为:方案设计图、初步设计图和施工图。

按照专业的不同可以分为:建筑施工图、室内装饰施工图、景观施工图、结构施工图、设备施工图等。

2) 一项完整工程的图纸编排顺序,应依次为:图纸目录、总图及说明、建筑、结构、给水排水、采暖通风、电气、动力。以某专业为主体的工程图纸应突出该专业。

在同一专业的一套完整图纸中,也包含多种内容,这些不同的图纸内容要按照一定的顺序编制,先总体、后局部,先主要、后次要;布置图在先、构造图在后,底层在

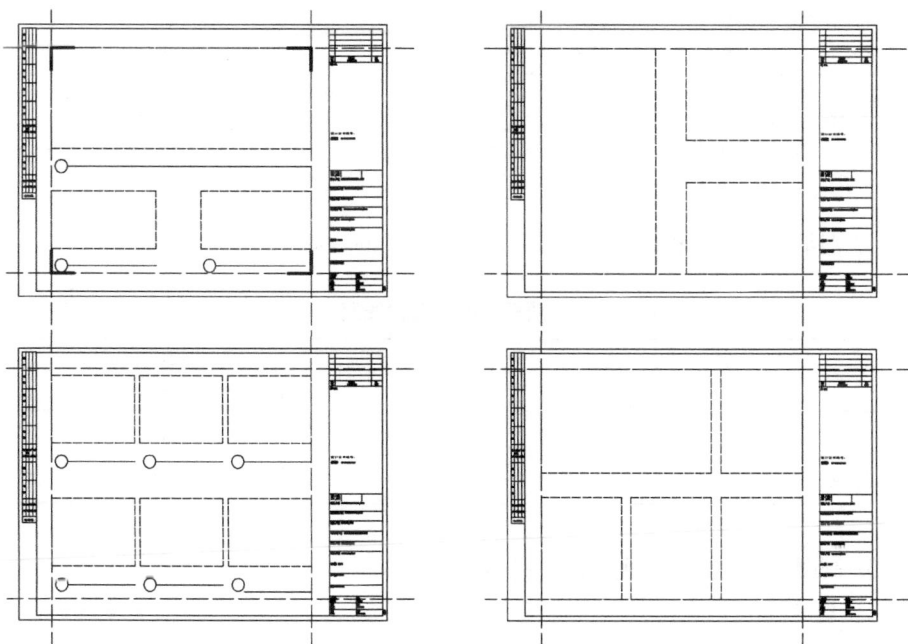

图1-9 图面布置(注:本图纸图框为设计市场常用图框)

先、上层在后；同一系列的构配件按类型、编号的顺序编排。如一套完整的建筑施工图内容和顺序为：封面、目录、设计总说明、工程做法、门窗表、计算书、平面图、立面图、剖面图、详图。一套完整的室内装饰施工图纸内容和顺序为：封面、图纸目录表、设计说明、设计材料表、灯光表等相关图表、总图、图施、图详、设备等。

1.2 图线

1.2.1 线宽及线型

我们所绘制的工程图样是由图线组成的，为了表达工程图样的不同内容，并能够分清主次，须使用不同的线型和线宽的图线。

1) 每个图样绘制前，应根据复杂程度与比例大小，先确定基本的线宽 b，再选用表1—4中相应的线宽组。图线宽度 b 见表1—4。在同一张图纸内，相同比例的各图样，应选用相同的线宽组。

线宽比和线宽组　　　　　　　　　　　表1—4

线宽比	线　宽　组					
b	2.0	1.4	1.0	0.7	0.5	0.35
$0.5b$	1.0	0.7	0.5	0.35	0.25	0.18
$0.25b$	0.5	0.35	0.25	0.18	—	—

注：1. 需要微缩的图纸，不宜采用0.18mm及更细的线宽。
　　2. 同一张图纸内，各不同线宽中的细线，可统一采用较细的线宽组的细线。

2) 图纸的图框线和标题栏线，可采用表1—5的线宽。

图框线和标题栏线宽　　　　　　　　　表1—5

幅面代号	图框线	标题栏外框线	标题栏分隔线 会签栏线
A0、A1	1.4	0.7	0.35
A2、A3、A4	1.0	0.7	0.35

3) 制图应选用表1—6所示的图线。

1.2.2 规定画法

1) 相互平行的图线，其间隙不宜小于其中的粗线宽度，且不宜小于0.7mm。
2) 虚线、单点长画线或双点长画线的线段长度和间隔，宜各自相等。

常 用 线 型　　　　　　　　　　表 1-6

名　称		线　型	线宽	一　般　用　途
实线	粗		b	主要可见轮廓线
	中		$0.5b$	可见轮廓线
	细		$0.25b$	可见轮廓线、图例线
虚线	粗		b	见各有关专业制图标准
	中		$0.5b$	不可见轮廓线
	细		$0.25b$	不可见轮廓线、图例线
单点长画线	粗		b	见各有关专业制图标准
	中		$0.5b$	见各有关专业制图标准
	细		$0.25b$	中心线、对称线
双点长画线	粗		b	见各有关专业制图标准
	中		$0.5b$	见各有关专业制图标准
	细		$0.25b$	假想轮廓线、成型前原始轮廓线
折断线			$0.25b$	断开界限
波浪线			$0.25b$	断开界限

3）单点长画线或双点长画线的两端不应是点，应当是线段。点画线与点画线交接或点画线与其他图线交接时，应是线段交接。

4）一般情况下，虚线与虚线交接或虚线与其他图线交接时，应是线段交接。特殊情况，虚线为实线的延长线时，不得与实线连接。

5）较小图形中绘制单点长画线或双点长画线有困难时，可用实线代替。

6）图线不得与文字、数字或符号重叠、混淆，不可避免时，应首先保证文字等的清晰，断开相应图线。

1.3　字体

在我们绘制设计图和设计草图时，除了要选用各种线型来绘出物体，还要用最直观的文字把它表达出来，表明其位置、大小以及说明施工技术要求。文字与数字，包括各种符号的注写是工程图的重要组成部分，书写潦草，不仅会影响图面的清晰与美观，有时候还会给工程带来损失，因此，对于表达清楚的施工图和设计图来说，适合的线条质量加上漂亮的注字才是必需的。

1.3.1 字体书写

文字的注写在制图时显得十分重要，因而书写的汉字、数字、字母必须做到：字体端正笔划清楚、排列整齐、间隔均匀。汉字应采用国家正式公布的简化字。尽可能写成长仿宋体。长仿宋体的高度与宽度之比大致为 3:2，并一律从左到右横向书写。

1) 文字的字高，应从表 1-7 中选用：3.5、5、7、10、14、20mm。

					字高与字宽尺寸(mm)	表 1-7
字高	20	14	10	7	5	3.5
字宽	14	10	7	5	3.5	2.5

注：当字母或数字与长仿宋字并列时，宜同时采用直体字，数字和字母应小一号。

2) 图样及说明中的汉字，宜采用长仿宋体，宽度与高度的关系应符合表 1-7 的规定。大标题、图册封面、地形图等的汉字，也可书写成其他字体，但应易于辨认。

3) 汉字的字高，应不小于 3.5mm，手写汉字的字高一般不小于 5mm。

4) 拉丁字母、阿拉伯数字及罗马数字的字高，应不小于 2.5mm。与汉字并列书写时其字高可小一至二号。

5) 拉丁字母和数字的笔划都是由直线或直线与圆弧、圆弧与圆弧组成。书写时要注意每个笔划在字形格中的部位和下笔顺序。另外拉丁字母中的 I、O、Z，为了避免同图纸上的 1、0 和 2 相混淆，不得用于轴线编号。

6) 分数、百分数和比例数的注写，应采用阿拉伯数字和数学符号，例如：四分之三、百分之二十五和一比二十应分别写成 3/4、25% 和 1:20。

1.3.2 字体示例

家具椅凳桌柜结构透视软硬高深上下左右前后底册正单双底边抽屉混凝土排水钢筋校对审批日期单位姓名制图环境艺术制图设计说明结构字体汉字平剖立面比例结构施工设备工程是：

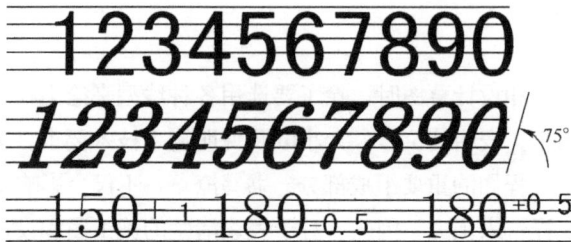

注：拉丁字母、阿拉伯数字、罗马数字，如需要写成斜体字，其斜度应是从字的底线逆时针向上倾斜 75°，斜体字的高度与宽度应与相应的直体字相等。

1.4 尺寸标注

在绘制工程图样时，图形仅表达物体的形状，还必须标注完整的尺寸数据并配以相关设计说明，才能作为制作、施工的依据。

1.4.1 尺寸的组成要素

1) 尺寸线：尺寸线应当用细实线绘制，一般应与被注长度平行。图样本身任何图线均不得用作尺寸线。

2) 尺寸界限：尺寸界限应以细实线绘制，一般应与被注长度垂直，其一端应离开图样轮廓线不小于2mm，另一端宜超出尺寸线2~3mm。必要时图样轮廓线可用作尺寸界线。

3) 尺寸起止符号：尺寸起止符号一般用中粗斜短线绘制，其倾斜方向应与尺寸界限成顺时针45°角，长度宜为2~3mm(见图1-10)。半径、直径、角度与弧长的尺寸起止符号，宜用箭头表示(见图1-11)。

4) 尺寸数字：图样上的尺寸应以数字为准，不得从图上直接取量。图样上的尺寸单位，除标高及总平面图以米(m)为单位外，均必须以毫米(mm)为单位，不标注尺寸单位。

1.4.2 尺寸数字的注写方向

1) 尺寸数字的读数方向，应按图1-12左图形式注写。在30°斜线内如空间位置许可，亦可按图1-12右图形式注写。

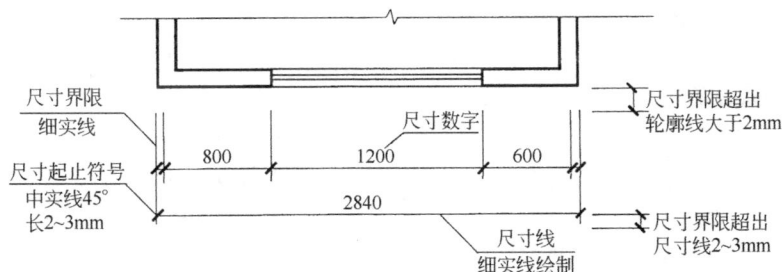

图1-10 尺寸的组成

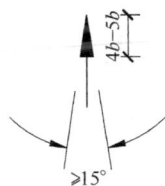

图1-11 箭头尺寸起止符号

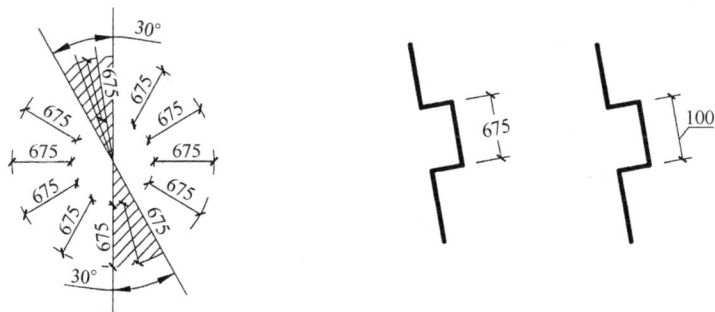

图1-12 尺寸数字的注写方向

2) 尺寸数字宜注写在尺寸线读数上方的中部,如果相邻的尺寸数字注写位置不够,可错开或引出注写,如图1-13所示。竖直方向的尺寸数字,注意应由下往上注写在尺寸线的左方中部。

1.4.3 尺寸排列与布置的基本规定

1) 尺寸宜标注在图样轮廓线以外,不宜与图线、文字及符号等相交,如标注在图样轮廓线以内时,尺寸数字处的图线应断开。图样轮廓线也可用作尺寸界线,如图1-14。

2) 互相平行的尺寸线的排列,宜从图样轮廓线向外,先小尺寸和分尺寸,后大尺寸和总尺寸,如图1-15。

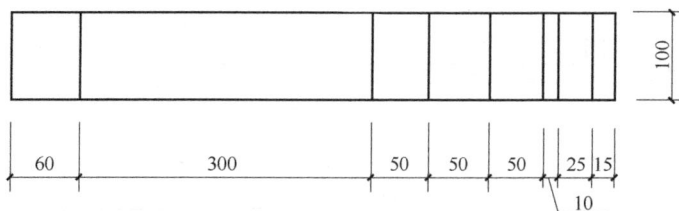

图1-13 尺寸数字的注写位置

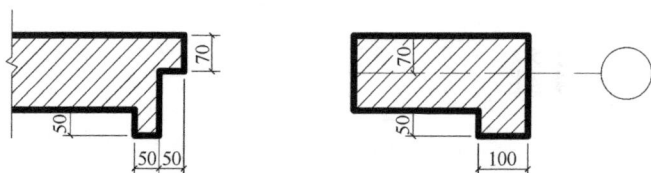

图1-14 尺寸标注的位置

3）图样轮廓线以外的尺寸线，距图样最外轮廓之间的距离，不宜小于10mm。平行排列的尺寸线的间距，宜为7~10mm，并应保持一致，如图1-15。

4）总尺寸的尺寸线，应靠近所指部位，中间的分尺寸的尺寸界限可稍短，但其长度应相等，如图1-15。

5）尺寸线应与被注长度平行，两端不宜超出尺寸界线。尺寸界线一般应与尺寸线垂直，但特殊情况也可不垂直，如图1-16。

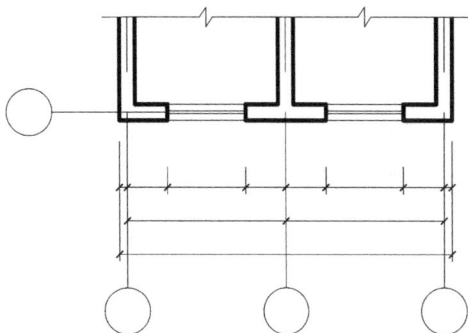

图1-15 尺寸的组成

1.4.4 半径、直径、球的尺寸标注法

1）半径的尺寸标注：半径的尺寸线，应一端从圆心开始，另一端画箭头指向圆弧。半径数字前应加注半径符号"R"，见图1-17。

2）直径的尺寸标注法：标注圆的直径尺寸时，直径数字前应加注符号"ϕ"，在圆内标注的直径尺寸线应通过圆心，两端画箭头指至圆弧。较小圆的直径可以标注在圆外，见图1-18。

3）球的尺寸标注法：标注球的半径尺寸时，应在尺寸数字前加注符号"SR"。标

图1-16 尺寸标注

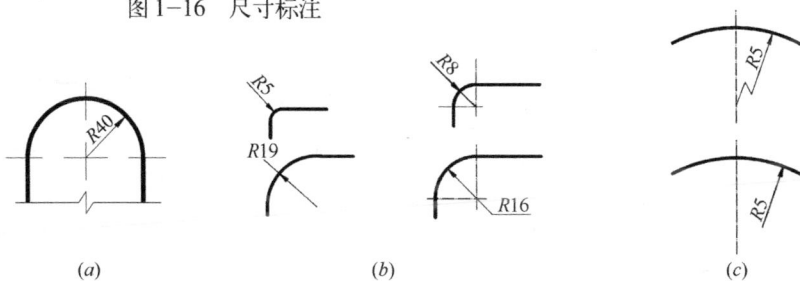

图1-17 圆弧半径的尺寸标注
(a)一般圆弧半径的标注方法；(b)小圆弧半径的标注方法；(c)大圆弧半径的标注方法

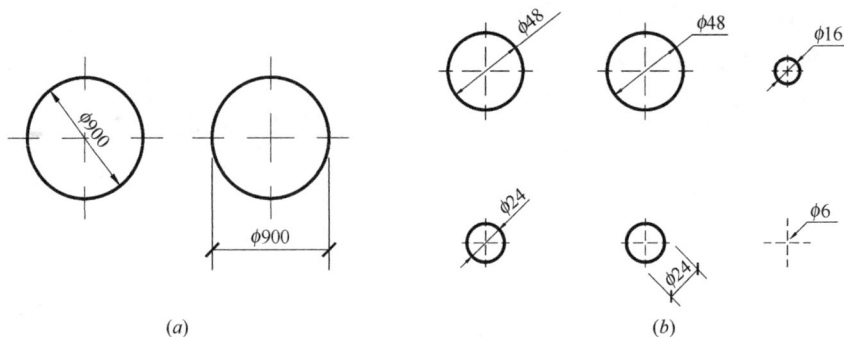

图 1-18　圆直径的尺寸标注
(a)一般圆直径的标注方法；(b)小圆直径的标注方法

注球的直径尺寸时，应在尺寸数字前加注符号"$S\phi$"。注写方法与圆弧半径和圆直径的尺寸标注方法相同。

1.4.5　角度、弧长、弦长的尺寸标注

1) 角度的尺寸标注，应以圆弧线表示。该圆弧的圆心应是该角的顶点，角的两个边为尺寸界限。角度的起止符号应以箭头表示，如没有足够的位置画箭头，可用圆点代替。角度数字应按水平方向注写。

2) 圆弧的弧长的尺寸标注，尺寸线应以与该圆弧同心的圆弧线表示，尺寸界限应垂直于该圆弧的弦，起止符号应以箭头表示，弧长数字的上方应加注圆弧符号。

3) 圆弧弦长的尺寸标注，尺寸线应以平行于该弦的直线表示，尺寸界限应垂直于该弦，起止符号应以中粗斜短线表示。

以上标注均参见图 1-19。

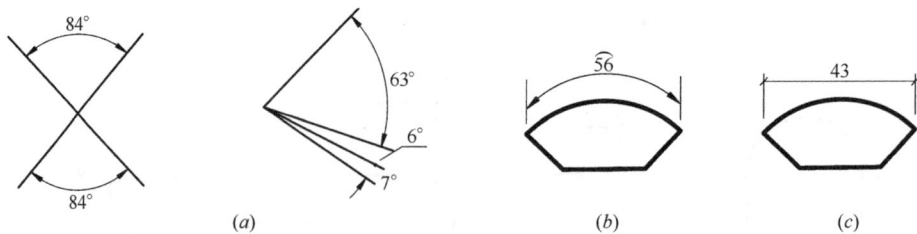

图 1-19　角度、弧长、弦长的尺寸标注
(a)角度标注方法；(b)弧长标注方法；(c)弦长标注方法

1.4.6 薄板厚度、正方形、坡度、非圆曲线等尺寸标注

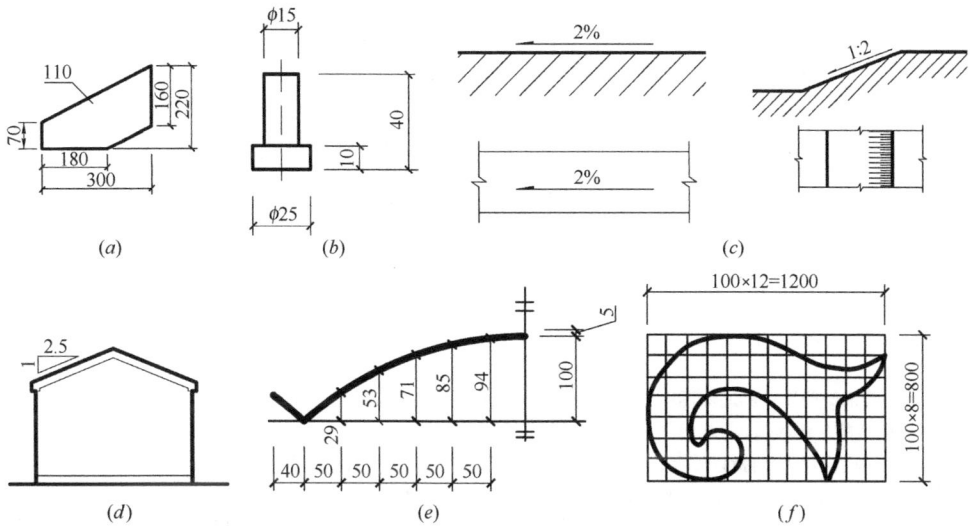

图 1-20 薄板厚度、正方形、坡度、非圆曲线等尺寸标注

(a)薄板厚度标注方法;(b)标注正方形尺寸;(c)坡度标注方法;(d)立面坡度标注方法;(e)坐标法标注外形非圆曲线尺寸;(f)网格法标注复杂曲线尺寸

注 (1) "□"为正方形符号,也可以采用"边长×边长"的形式标注正方形的尺寸;

(2) "◺"是坡度符号,为单面箭头,箭头指向下坡方向。

1.4.7 简化尺寸标注

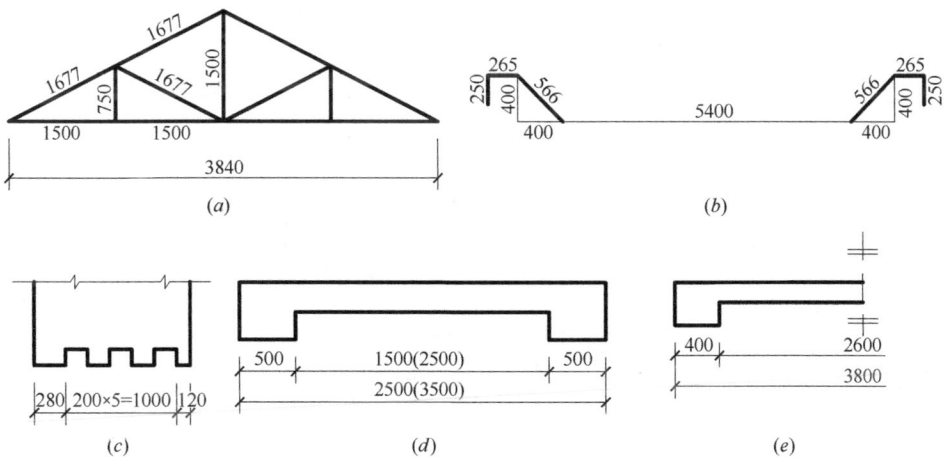

图 1-21 简化尺寸标注(一)

(a)桁架简图尺寸标注方法;(b)钢筋简图尺寸标注方法;(c)等长尺寸简化标注方法;

(d)相似构件尺寸标注方法;(e)对称构配件尺寸标注方法

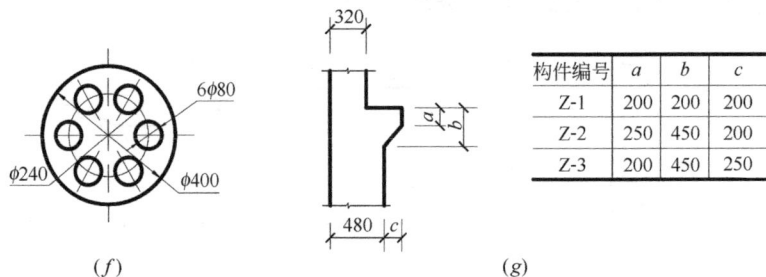

构件编号	a	b	c
Z-1	200	200	200
Z-2	250	450	200
Z-3	200	450	250

图 1-21　简化尺寸标注(二)

(f)相同要素尺寸标注方法；(g)相似构配件表格式尺寸标注方法

注：

(1) 除桁架简图、钢筋简图以外，一般的单线图如管线图，都可将杆件或管线长度的尺寸数字沿杆件或管线的一侧注写；

(2) 对称符号由对称线(单点长画线)和两端的两对平行线(细实线，长度为6～10mm为宜，每对平行线间距宜为2～3mm)组成，对称线垂直平分两对平行线，两端超出平行线宜为2～3mm；

(3) 对称构配件尺寸线略超过对称符号，只在另一端画尺寸起止符号，标注整体全尺寸，注写位置宜与对称符号对齐。

1.4.8　尺寸标注的深度设置

工程图样的设计制图应在不同阶段和不同比例绘制时，均对尺寸标注的详细程度做出不同的要求。这里我们主要依据建筑制图标准中的"三道尺寸"进行标注。主要包括外墙门窗洞口尺寸、轴线间尺寸、建筑外包总尺寸。

1) 该尺寸在底层平面中是必不可少的，当平面形状较复杂时，还应当增加分段尺寸，见图 1-22。

2) 在其他各层平面中，外包总尺寸可省略或标志轴线间总尺寸。

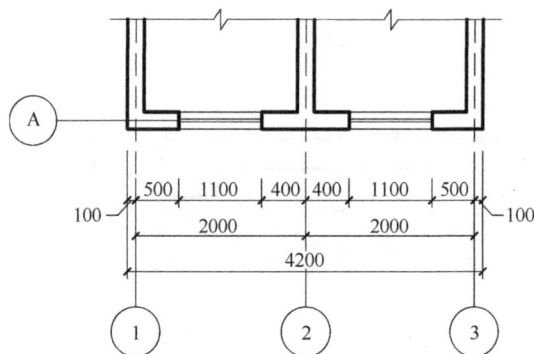

图 1-22　首层平面"三道尺寸"标注

3) 在屋面中可以只标注端部和有变化处的轴线号，以及其间的尺寸。常重复标注，反而显得繁杂和重点不突出。

4) 无论在何层标注，均应注意以下两点，才能方便看图，明确清晰。

（1）门窗洞口尺寸与轴线间尺寸要分别在两行上各自标注，宁可空留也不可混注在一行上。

（2）门窗洞口尺寸也不要与其他实体的尺寸混行标注，例如，墙厚、雨篷宽度、踏步宽度等应就近实体另行标注。

5) 当上下或左右二道外墙的开间及洞口尺寸相同时，可只标注上或下（左或右）一面尺寸及轴线号即可。

1.5 基本手工仪器的使用

长期以来，设计师们以笔、尺和圆规在图纸上进行手工绘图，正确的使用工具和仪器，是提高制图质量、准确和迅速绘制图样的前提。现在计算机辅助制图已经非常的普及，人们通过计算机命令代替了烦琐的手工制图。但是在方案设计的前期，我们还会需要徒手快速表达这些图样，而且往往工作量很大。因此，掌握一定的手工制图基础是清晰表达绘图思路的有利途径。在这一章节只介绍一些最常用的绘图工具和使用方法。

1.5.1 图板、丁字尺、三角板

图板、丁字尺、三角板是手工制图最基本的三样工具，其用法如图1-23所示。图板用作图纸的垫板，要求表面平坦光洁、软硬适度。图板的左侧作为丁字尺上下移动的导边；丁字尺用于画水平线，使用丁字尺时，左手扶住尺头，使尺头要紧靠导边，移动到需要画线的位置，自左向右画水平线；三角板除了作为直尺画垂线，以及用两块三角板画平行线和垂直线外，制图时常将三角板的一边靠在丁字尺上，沿另一边画与水平线成30°、45°、60°和15°、75°角的斜线。用三角板和丁字尺画竖直线时，应沿三角板左侧自下而上画，画斜线时，应沿板边按从左向右的方向画。用两块三角板和丁字尺可画与水平线成15°的倍数的各种角度的斜线，见图1-24。

1.5.2 曲线板

曲线板是用于画非圆弧曲线的工具，没有固定的半径曲线，其使用方法如图1-25所示：在曲线板上找一段与拟画的曲线段吻合，沿曲线板描画，如果曲线是由一系列点所确定，则应该先徒手将这些点顺次连成曲线，然后在曲线板上找一段与3个以上的点吻合，从起点开始沿曲线板通过这些点描画，但不能全部描完，要留出一小段，冉

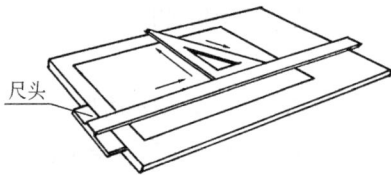

图1-23 图板、丁字尺、三角板的用法。
画水平线、竖直线和60°斜线示例

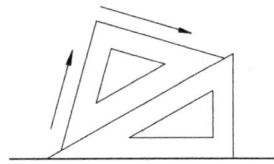

图1-24 用两块三角板画
斜线示例

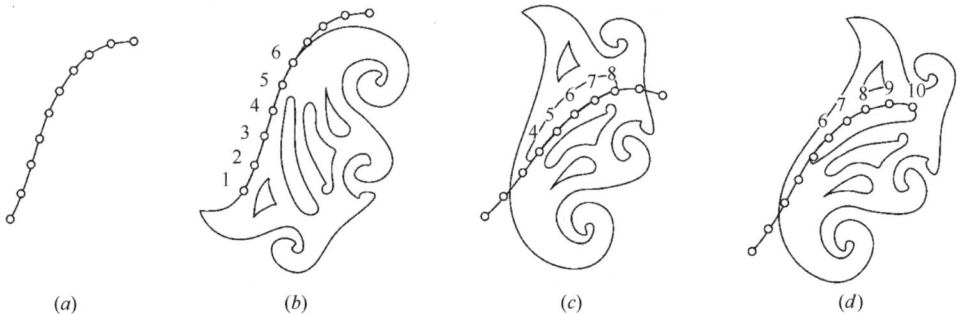

图1-25 曲线板及其使用方法
(a)将各点徒手顺次连成曲线；(b)凑板上曲线与起始的三个以上的点吻合，描绘第一段；(c)继续凑合和描绘第二段；(d)继续凑合和描绘以后各段，直至完成

在曲线扳上找一段与已描的最后一小段相重合，且与后面未描的3个以上的点吻合，按上述方法继续描画，直至光滑地描画出整条曲线。现在较为复杂的曲线还可用蛇形尺绘制，是用可塑性较强的尺芯包上塑料制成，因而经弯曲几乎可以绘制任何曲线。

1.5.3 针管笔

针管笔(图1-26)是用来描绘图样的墨线的。

针管笔用碳素墨水，使用方便，但线条色较浅。质量较高的针管笔配上专用墨水，可以达到很好的效果。针管笔有不同的粗细规格，可以分别用于画不同线宽的墨线。笔尖粗细共分为12种，从0.1mm到1.2mm每种间隔为0.1mm，画图时笔尖可倾斜12°~15°，宜垂直用笔，但不能重压笔尖。在绘图过程中，笔应与尺边保持一微小距离，以

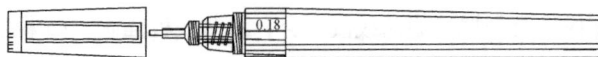

图1-26 针管笔

免墨水浸入尺下洇开。在画线时行进速度要均匀，不要中途停笔，保持线条交接处准确光滑。

针管笔被设计成在一个管状笔尖内装一根细钢针来控制墨水流量。用这种笔可以很容易控制所画线条并保持线条的连续性。笔在不用时应套上笔帽，并使笔尖垂直向上放置。在给笔填充墨水时，最好使用同一品牌的，有些时候我们还应当使用防水的墨水，保证绘图的质量。

1.5.4　比例尺

比例尺是刻有不同比例的直尺(图1-27)，工程中通常用缩小比例绘图，绘图时可直接用比例尺在图纸上量取物体的实际尺寸，而不必通过计算。常用的比例尺在三个棱面上刻有六种百分或千分比例的三棱尺和直尺比例。比例尺的使用也非常简单，由于工程图样常常将实际的工程物以某一常用比例绘出，使用时，先要在尺上找到我们所需的比例，一般有百分和千分两种比例尺：

百分比例尺：1∶100，1∶200，1∶300，1∶400，1∶500，1∶600；

千分比例尺：1∶1000，1∶1250，1∶1500，1∶2500，1∶5000。

看清楚尺上每单位长度所表示的相应长度即可按需在其上量取相应的长度作图，若绘图比例与尺上的六种比例都不同，则选取尺上最方便的一种相近的比例折算量取。比例尺只能用作量取尺寸，不得用来画线。

1.5.5　模板

使用各种类型模板，能提高制图效率。模板包括数字模板、平面家具模板(不同比例，见图1-28)。但模板使用时极易产生错位和墨水渗漏等毛病。运笔时，笔尖与纸面垂直成90°，紧贴模板内沿均匀画线。

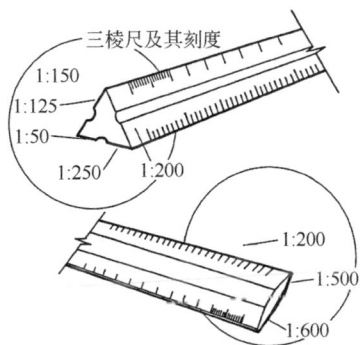

图1-27　比例尺

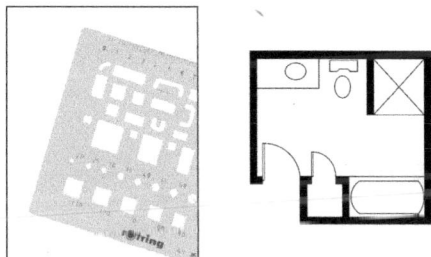

图1-28　家具模板

1.5.6 擦线板和橡皮

擦线板(图1-29)一般由薄金属片(以不锈钢为佳)或透明胶质片制成,可以保护相邻的线条不被擦除。擦线时必须把擦线板紧紧地按牢在图纸上,以免移动,影响周围的线条。

当铅笔线条绘制错误时,应用橡皮轻轻擦去。软橡皮非常柔软且不会弄脏画面,可以获得较好的效果。塑性橡皮可塑性很高,比软橡皮更密实,更有效。

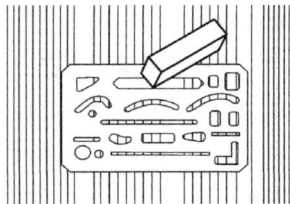

图1-29 擦线板

1.5.7 图纸的修改

制图结束将图样打印在硫酸纸上,校对无误后晒图分给各施工部门,在这之前,硫酸纸图面上经常会发现一些很小的问题,如线型、文字、数字标识错误等。为了节约成本,这就要求在硫酸纸上直接进行修改。这是一项非常细心的任务。首先,将丁字尺的反面(光滑和坚硬、平整的物体)垫在要修改的图样下面,用美工刀的尖部轻轻刮去表面的墨线,并用橡皮擦去浮尘,最后用手工填补上修改的内容。

第2章
图样的画法

所谓图样是根据投影原理、标准或者有关的规定，表示工程对象，并包含必要的技术说明的图。在制图过程中，把投影图称作视图。图样的画法主要包括三视图、剖视图和断面图及简化画法，必要时采用轴测图。

2.1 投影与三视图

2.1.1 投影

光线投射于物体，产生影子，影子的形状随着物体的形状、光线和承受影子的面的变化而变化。人们根据光线照射物体产生影子的道理，找出了影子与物体之间的几何关系，经过科学的抽象的概括，创造了在平面上作出物体的投影，以表示物体形状大小的绘制图形的投影方法。投影可以分为中心投影、斜平行投影、正投影。工程制图绘制图样的主要方法是正投影法。

1．中心投影——透视图

由一点放射的投影线所产生的投影称为中心投影(见图2-1)，它表现物体的直观形象，立体感、空间感强，符合人们的视觉习惯，是透视图的原理基础，但它在图上不能量出物体的实际尺寸，不能作为工程图。

2．斜平行投影——轴测图

假设投射线距物体无穷远，则投影线为平行直线。当投影线和投影面为倾斜的平行线时，是斜投影图形，斜平行投影的图形是轴测图(见图2-2)，它能表现物体的立体形象和尺寸。

3．正平行投影——正投影

当投影线垂直于投影面时，是正投影(图2-3)。用正投影画建筑的平面图、立面图、剖面图等，它能表现物体一部分的真实形状和尺寸，各种工程制图就是以正投影法为基础建立起来的制图体系。

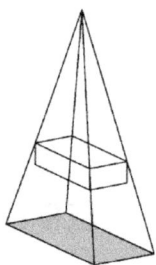

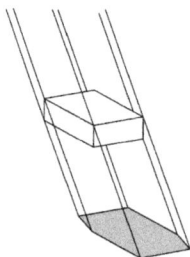

图 2-1　中心投影　　　　图 2-2　斜平行投影　　　　图 2-3　正平行投影

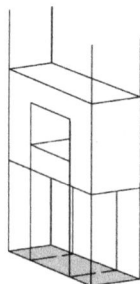

运用正投影法在互相垂直的投影面所组成的投影面体系中，可以绘制出多面正投影图，它是工程中最主要的图形。

这里必须说明的是投影和影子是不一样的。影子只反映物体总的轮廓，而画物体的投影时，却假设投射线可以穿透物体，不仅要把物体上看得见的部分用粗实线画出，看不见的部分如果需要也要用虚线画出来。

2.1.2　三视图

投影与视图有着重要的关系，在工程制图中，运用正投影的理论，向投影面作投影画出工程形体的图样，其基本要求是应首先考虑看图方便，在完整、清晰的表达工程形体的前提下，力求制图简便。利用正投影法绘制得到图样最大的优点就是能够反映图形的本来形状和实际大小。将工程形体向投影面作正投影，所得的图样称为视图。

物体的一个投影只能反映某一个面的形状，只有把不同方向的投影，按一定的位置配合起来，才能把物体的形状全面地表现出来。为此，我们设置三个互相垂直的平面做为投影面(图2-4)。其中用正投影法由前面垂直向后投影的投影面称为正立面投影面，它在观察者的正前方，用字母"V"表示；由上面垂直向下投影的投影面称为水平投影面，它在观察者的正下方，用字母"H"表示；由左面垂直向右投影的投影面称为侧立面投影面，它在观察者的正右方，用字母"W"表示。这三个投影面构成一个三投影面体系。平面图(H面)着重反映工程形体的平面形状，立面图(V和W面) 表达它的立面外形。

为了把互相垂直的三个投影面上的投影画在一张二维的图纸上，我们将其展开。假设V面不动把H面沿OX轴向下旋转90°，把W面沿OZ向右旋转90°，使得三个投影面处于一个平面内，即得位于同一平面上的三个正投影面。这个形体的三面投影图叫做"三视图"，又称基本视图。将V投影称为正立面图、H投影称为平面图、W投影称为侧立面图(图2-5)。

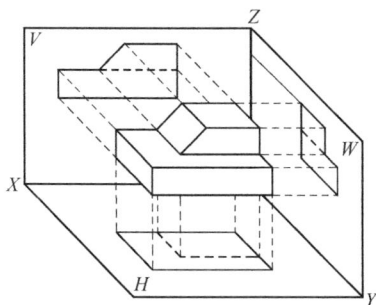

图 2-4 三个投影面

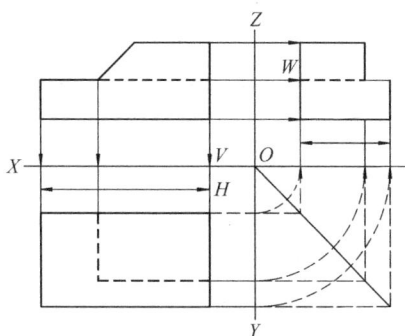

图 2-5 三视图

2.1.3 三视图的投影关系

从三视图的形成过程可看出三个投影面的位置不能随意摆放,它们的位置关系如图 2-5 所示。三视图是在形体安放位置不变的情况下从三个方向投影的结果,它们共同表达同一个形体,因此它们之间存在内在的联系。V 投影和 H 投影都反映形体的长度,投影面展开后所反映的长度不变,因此画图时必须使它们左右对正,即"长对正"的关系;同样 V、W 的投影都反映形体的高度,展开后,两投影应上下对齐,即"高平齐"的关系;H、W 投影都反映形体的宽度,展开后,两投影应前后对齐,即"宽相等"的关系。画图时无论是对形体总的轮廓还是局部细节都应符合"三等关系"。

2.1.4 正投影法做三视图

已知建筑形体如图 2-6,求作三视图。

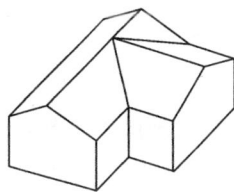

图 2-6 建筑形体

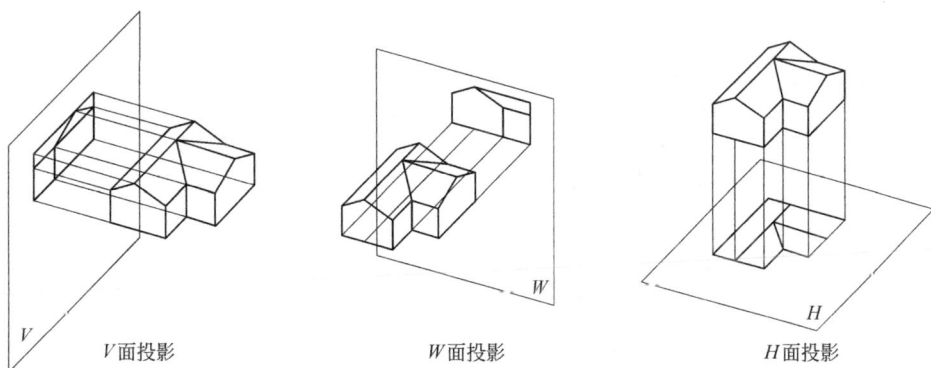

V 面投影

W 面投影

H 面投影

图 2-7 三面投影详示图

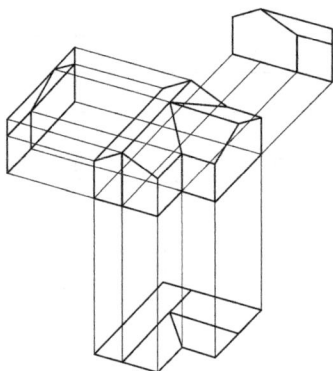

图 2-8 三面投影详示图

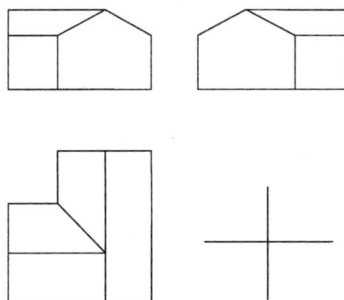

图 2-9 建筑形体的三视图

在画三视图的过程中，需要注意以下几点：

1) 形体分析。工程形体的种类繁多，从表面上看去很复杂，初学很难掌握，但通过仔细分析形体，会发现这些形状都是由若干个几何体组成。因此要学会工程制图的表达，首先要学会将一个复杂的形体分解为若干个简单的几何体，然后分析他们的位置和特点，才能清晰、快速地画好工程图样(图 2-10)。

2) 正立面的选择。画工程形体的视图时，应首先确定正立面图的投影方向。通常是工程形体处于自然位置状态下，使物体的各个主要表面平行于基本投影面，以表现工程形体信息量最多的那个面作为正立面图。

3) 合理地布置图面。在形体分析和确定正立面图后，根据组合体的大小和复杂程度，选择适当的绘图比例，然后计算出总长、总宽、总高，根据选定的绘图比例，按照长对正、高平齐、宽相等布置三个投影图位置，在视图之间，除应留出标注尺寸的足够位置外，还应考虑布置要匀称。

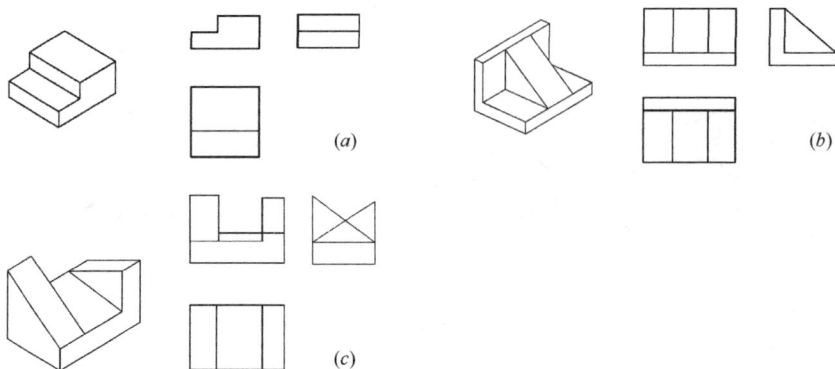

图 2-10 形体分解

22

2.2 轴测图

轴测图是根据平行投影法绘制的，能够反映物体原形，但它的缺点就是不符合人的视觉感受，不如透视图有真实感。然而，正因为轴测图忠于原物，所以它更加理性，更有说服力，更易于表现物体全貌，相较于三视图更具有立体感。

2.2.1 轴测图的形成

轴测图是根据平行投影的原理，把形体投影到一个投影面上所得的投影。

三面正投影图是将物体放在三个相互垂直的投影面之间，用三组分别垂直于各投影面的平行投影进行投影而得到的。轴测投影图则是用一组平行投影线将物体连同三个坐标的平行投影线进行投影而得到的。在轴测投影图中，物体三个方向的面都能同时反映出来，如图2-11。

对物体相互垂直的三个面在一个投影面上进行平行投影，有两种办法：

第一种办法就是将物体三个方向的面及其三个坐标轴与投影面倾斜，投射线垂直投影面，成为轴测正投影，简称正轴测，如图2-12。

第二种办法就是将物体一个方向的面及其两个坐标轴与投影面平行，投射线与投影面斜交，成为轴测斜投影，简称斜轴测，如图2-13。

这两种方法都只用一个投影面，称为轴测投影面，三个坐标轴在轴测投影面上的投影称为轴测轴(简称轴)，三个轴测轴之间的夹角称为轴间角。

2.2.2 轴测图的特点

在正轴测中，由于物体各面对轴测投影面的倾斜角度不同，或在斜轴测中投影线与轴测投影面的倾斜角度不同，同一物体可以画出无数个不同的轴测图，不同的轴测图，它们的三个轴测轴的方向与轴间角都不同。

因轴测图是用平行投射面进行投影，所以在任何轴测图中，凡互相平行的直线其轴测投影仍平行，一直线的分段比例在轴测投影中比例仍不变。

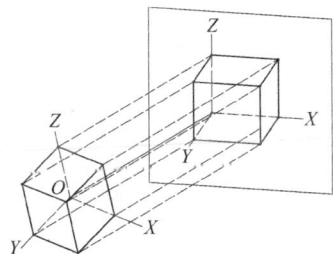

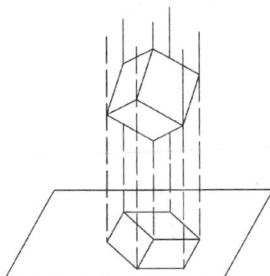

图2-11　轴测投影　　　　图2-12　轴测正投影　　　　图2-13　轴测斜投影

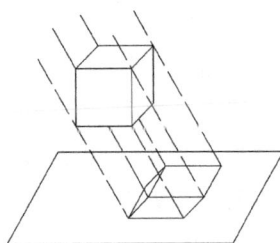

任何轴测图，凡物体上与三个坐标轴平行的直线尺寸，在轴测图中均可沿轴的方向量取；和坐标轴不平行的直线，其投影可能变长或缩短，不能在图上直接量取尺寸，而要先定出该直线的两端点的位置，再画出该直线的轴测投影。一条直线与投影面倾斜，它的投影长度和实际长之比，成为轴向变形系数(简称变形系数)。如果三个坐标轴与轴测投影面倾斜角度不同，则三个轴测轴的变形系数也就不同。在实际作图中，由于按变形系数作图比较麻烦，一般只选用简化变形系数或不必考虑变形系数的轴测投影。

2.2.3 几种常见的轴测图

1. 轴测正投影

1) 三等正轴测(或称正等测)

三等正轴测是轴测图中最常用的一种。以正方体为例，投射线方向穿过正方体的对顶线，并垂直于轴测投影图。正方体相互垂直的三条棱线，也即三个坐标轴，它们与轴测投影面的倾斜角度完全相等，可以直接按实际尺寸作图。作图时，经常将其中 X、Y 轴与水平线各成30°夹角，可以直接利用丁字尺和30°三角板作图，所以比较方便，如图2-14。

2) 二等正轴测(或称正二测)

三个坐标轴中有两个轴与轴测投影面的倾斜角度相等，因此这两个轴的变形系数相等，三个轴间角也有两个相等。图形直观效果较好，但作图繁琐，故不经常用。

2. 轴测斜投影

在斜轴测中投射线与轴测投影面斜交，使物体的一个面与轴测投影面平行，这个面在图中反映实形。在正轴测中，物体的任何一个面的投影均不能反映其实形，所以凡物体有一个面形状复杂，曲线较多时，画斜轴测比较简便。

1) 水平斜轴测

水平斜轴测的特点是：物体的水平面与轴测投影面平行，其投影反映实形，X、Y轴平行轴测投影面，均不变形，为原长，它们之间的轴间角为90°，它们与水平线夹角常用45°，也可自定图，如图2-15。

2) 正面斜轴测

正面斜轴测的特点是：物体的正立面与轴测投影面平行，其投影反映实形平行轴测投影面，所以 X、Z 两轴均不变形，为原长，它们之间的轴间角为90°。Z轴为铅垂线，X轴常为水平线，Y轴为斜线，它与水平线夹

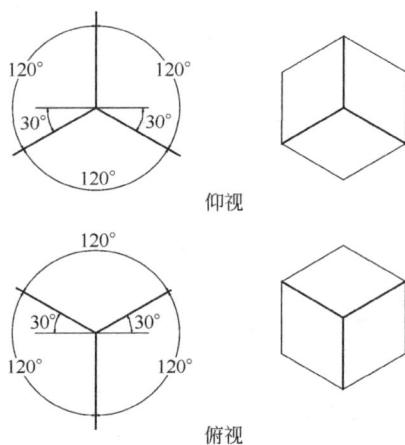

图 2-14 三等正轴测图作图

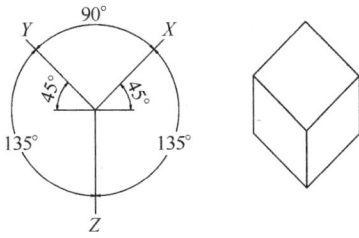

图 2-15　水平斜轴测图作图　　　　　图 2-16　正面斜轴测图作图

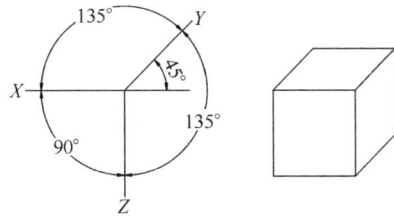

角常用 30°、45°或 60°，也可自定图，如图 2-16。

2.2.4　轴测图的画法

1）画轴测图之前，首先应了解清楚所画物体的三面正投影图或实物的形状和特点，如图 2-17(a)。

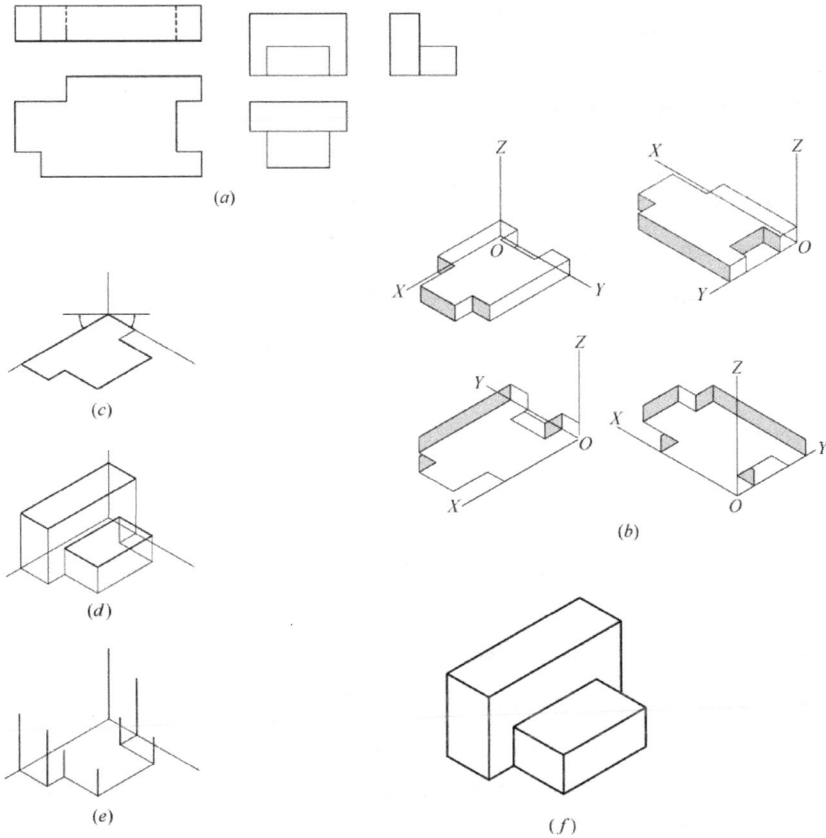

(a)

(c)

(d)

(e)

(b)

(f)

图 2-17　轴测图的画法

2) 选择观看的角度，研究从哪个角度才能把物体表现清楚，可根据不同的需要而选用俯视、仰视、从左看或从右看，如图 2-17(*b*)。

3) 选择合适的轴测轴，确定物体的方位，如图 2-17(*c*)。

4) 选择合适的比例，沿轴按比例量取物体的尺寸，如图 2-17(*d*)。

5) 根据空间平行线的轴测投影仍平行的规律，将平行线连接起来，如图 2-18(*e*)。

6) 加深图形轮廓线，完成轴测图，如图 2-17(*f*)。

2.3 工程形体的表达

在掌握了工程形体的投影与三视图、轴测图的基础之后，在表达工程图样时，我们还会遇到这样的情况：某个形体内部构造复杂，内部不可见的部分如何表达？当表现某对称形体，有什么办法可以不把精力浪费在重复的工作上？事实上，实际中这样的问题还有很多。我们通过深入学习工程形体的表达方法，可以轻松而又清晰准确地表达这些形体结构。

2.3.1 剖视图的用途和定义

当一个工程形体的内部构造复杂时，如果沿用正投影图中以中虚线表示不可见部分，视图上不仅虚线多，甚至虚线、实线相互交叉或重叠，使得图形混淆不清，增加读图的困难。为了有助于表达这样的工程形体，设想用截平面切开它，让它的内部构造显现，然后再用直接正投影法画出它的投影，使不可见部分变成可见。这种用假想的截平面剖开工程形体，移去处于观察者和截平面之间的部分，对留下部分按正投影法投影所得的图样，称为剖视图。截平面可以是一个，也可以是两个或两个以上，必要时，还可以用柱面(可称截柱面)剖开工程形体，截平面和截柱面统称剖切面。

2.3.2 剖切方法

如图2-18所示，剖视图应按下列方法剖切后绘制(图中所画的剖切面假设是透明的)。

1) 用一个剖切面完全剖开工程形体，如图 2-18(*a*)所示；

2) 用两个或两个以上平行的剖切面剖开工程形体，如图 2-18(*b*)所示；

3) 用两个或两个以上相交的剖切面剖开工程形体，如图 2-18(*c*)所示；

4) 用两个或两个以上平行的剖切面逐层剖开工程形体，如图 2-18(*d*)所示。

2.3.3 画剖视图示例

图2-19(*a*)画出了一个房屋模型的三面视图，前墙面上有一个门洞，左墙面上有一

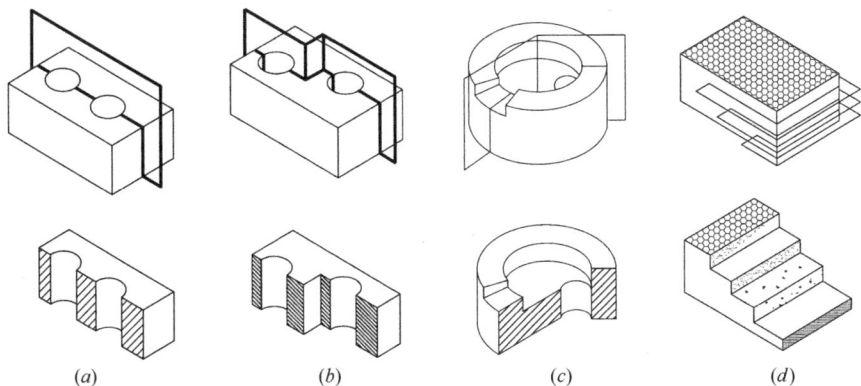

图 2-18 剖视图的剖切方法示例

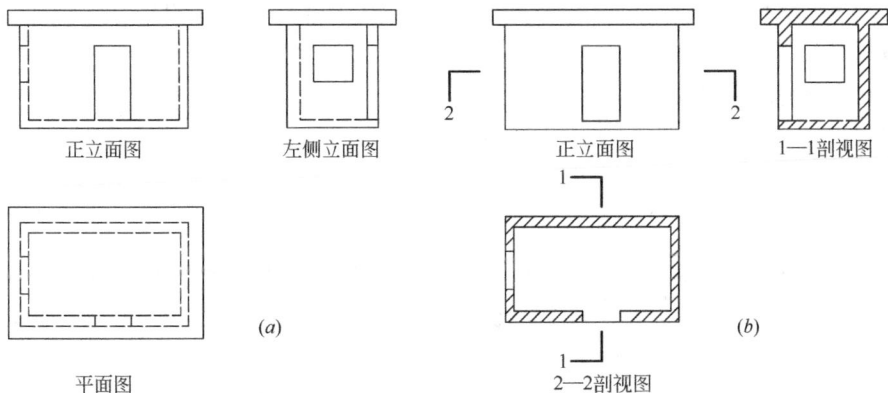

图 2-19 房屋模型的剖视图例

(a)三视图；(b)用剖视图表达示例

个窗洞，屋顶、墙面和地面作为同一材料构成整体。图(b)是用正立面图，编号为1的侧平面通过门洞剖切后，向左投影所得的1—1剖视图，以及用编号为2的水平面通过窗洞剖切后，向下投影所得的2—2剖视图，三者联合在一起，组成表达这个房屋模型的图样。在2—2剖视图和正立面图上分别画出了编号为1和2的剖切符号，表示剖切面的剖切位置和剖切后的投影方向，对比图(a)可以看出，用2—2剖视图代替了平面图，水平剖切面之上的墙和屋顶已被剖去，按向下的投影方向(也称剖视方向) 画出了留下部分被剖切到的墙、窗洞下可见的墙和门洞下可见的地坪轮廓线，在被剖切到的墙的断面上画出断面的材料图例。若不需表明是哪一种材料时，则可如图中所示，画同方向、等间距的45°细实线。用1—1剖视图代替了左侧立面图，剖切面之右的屋顶、墙面和地面已被剖去，按向左剖视的方向画出了留下部分被剖切到的屋顶、墙面和地面。由于这个房屋模型看作是同一材料构成的整体，因而屋顶、墙面和地面的断面间都没有分界线，并在断面上画出不需表明是那一种材料的材料图例，还画出了前墙面上门窗洞下左侧可见的墙和左墙面上可见的窗洞的轮廓线。正立面由于在 1—1 和 2—2 剖视图中以表明了所有不可见的投影虚线所表达的内容，这些虚线应全部省略不画。为了表明剖切面的位置和剖视方向，方便按编号查找相应的剖视图，应该在图(b)中标绘出剖切符号、编号和图名。

画剖视图时注意：剖视图是画剖开的工程留下的部分的投影图，但剖视图是假想剖开工程形体，所以只是在画剖视图时才切去形体的一部分，画其他图样，仍应该画完整的工程形体。

剖视图与视图一样，一般只画出可见轮廓线，在绘图基础阶段常用粗实线画剖切到的和可见的轮廓线，用中虚线画不可见的轮廓线，当画房屋或房屋的一个局部时，也可以把可见的轮廓线按主次顺序画粗、中、细三档线宽的实线。

2.3.4 几种常用的剖视图

画剖视图时,根据工程形体的不同形状、特征,常选用下述几种不同的剖切方法所形成的剖视图。

1. 全剖视图

用一个剖切面完全剖开工程形体后画出的剖视图，习惯上称为全剖视图。当一个工程形体的外形简单、内部复杂，或者外形虽然复杂而另有视图表达清楚时，常采用全剖视图如图 2-19 所示的 1—1 和 2—2 剖视图。

2. 半剖视图

对称的工程形体需要画齐时，可以对称线为界，一半画外形图(视图)，一半画剖视图，这样的剖视图习惯上称为半剖视图。因此，对称的工程形体，常采用半剖视图，它同时表达出内形与外形，表示外形的那半个视图不必再用虚线表示内形，半个剖视图和半个外形视图的分界线是对称符号。

3. 局部剖视图

当工程形体只有局部的内部构造需要清晰表达时,可用剖切面局部剖开工程形体，所得的剖视图习惯上称为局部剖视图。局部剖视图的外形视图部分和剖视图部分用细波浪线分界，波浪线表明剖切范围，不能超出图样的轮廓线，也不应和图样上的其他图线相重合。由于局部剖视图的剖切位置一般都比较明显，所以局部剖视图通常都不会标注剖切符号，也不另行标注剖视图的图名。

4. 斜剖视图

前述的全剖视图、半剖视图和局部剖视图都是用平行于某一基本投影面的剖切面剖开工程形体后得到的，它们都是最常用的剖视图。而用不平行于任何基本投影面的剖切面剖开工程形体后得到的剖视图，习惯上称为斜剖视图。

5. 阶梯剖视图

用两个或两个以上平行的剖切面剖切形体的方法称为阶梯剖，所得到的剖视图习惯上称为阶梯剖视图。当工程形体内部结构需要用两个或两个以上平行的剖切面剖开才能显示清楚时，采用阶梯剖。画阶梯剖视图时要注意，不应画出两个剖切平面的转折处的分界线。

6. 旋转剖视图

用两个相交的剖切平面(交线垂直于某基本投影面) 剖开工程形体的方法，习惯上称为旋转剖。采用旋转剖画剖视图时，以假想的两个相交的剖切平面剖开工程形体，移去假想剖切掉的部分，把留下的部分向选定的基本投影面作正投影，但对倾斜于选定的基本投影面的剖切平面剖开的结构及其有关部分，要旋转到与选定的基本投影面平行面后再进行投影。用旋转剖得到的剖视图，习惯上称为旋转剖视图，应在剖视图的图名后加注字样。画剖视图时应注意不画两个剖切平面截出的断面的转折线。

7. 分层剖切剖视图

对建筑物的多层构造可用平行平面按构造层次逐层局部剖开，用这种分层剖切的方法所得到的剖视图，称为分层剖切剖视图，常用来表达房屋的地面、墙面、屋面等处的构造。分层剖切剖视图应按层次以波浪线将各层隔开，波浪线不应与任何图线重合。

2.3.5 断面图用途和定义、断面图与剖视图的区别

为了清晰地表达工程形体，用假想的剖切面剖开工程形体时，除了以剖视图表达外，有时需用断面图表达。假想用剖切平面将工程形体的某处切断，仅画出断面的图形，称为断面图。断面可以称为截面，断面图也可称为截面图。断面图与剖视图的区别是：断面图只能画出剖切面切到部分的图形；剖视图除了应画出断面图外，还应画出沿投影方向看到的部分。

图2-20(a)是用正立面图和左侧立面图完整地表达材料为钢筋混凝土的吊车梁模型，但表达得不是最清晰，所用的材料也只能在图纸上另用文字说明。

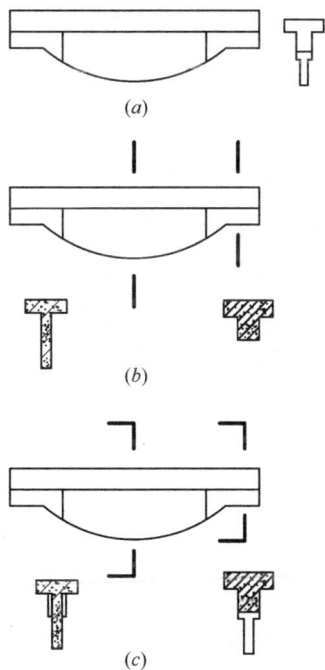

图2-20 断面图(移出断面图示例)以及断面图与剖视图的区别

图(b)则按正立面图上所画的断面剖切符号,画出剖到的图形,断面图上表明钢筋混凝土的材料图例,就画出了两个断面图。显然,用正立面图和这两个断面图也完整地表达了这根梁的模型,不仅显示了材料,而且表达得比图(a)简明;图(c)也是假想设置了与图(b)同样的两个剖切平面,按正立面图上所画的剖视剖切符号,画出这两个剖视图,用正立面图和这两个剖视图也完整地表达了这根梁的模型,但表达得不及图(b)简明。通过图(a)、(b)、(c)三种表达方式的比较,可以看出:在有些场合下,用断面图可以表达得比较清晰,同时,通过图(b)、(c)的对比,也可以清楚地看出断面图与剖视图的区别。

2.3.6 几种常见的断面图

1.移出断面图

断面图一般画在视图轮廓外,如图 2-20(b)所示,这样的断面图,习惯上称为移出断面图。工程图样中的断面图,大多是移出断面图。

2.中断断面图

绘制在杆件中断处的断面图,习惯上称为中断断面图。中断断面图不必标注断面剖切符号,如图 2-21 用中断断面图表示一较长的槽钢杆件,在适当的地方中间断开,画出槽钢的断面形状。

3.重合断面图

在图 2-22 中,表示钢筋混凝土屋顶结构的梁板断面图直接画在屋顶的结构平面布置上。由于图中画出的屋面板断面很薄、梁断面也很小,无法画钢筋混凝土的材料图例,所以用涂黑表示。这种直接重合画在视图内的断面图,习惯上称为重合断面图,重合断面图不必标注断面剖切符号。

2.3.7 剖切方法和画断面图的有关规定

断面图应按下列方法剖切后绘制:用一个剖切面剖切,用两个或两个以上平行的剖切面剖切,用两个或两个以上相交的剖切面剖切。通常都用一个平行于某一投影面的剖切平面剖开工程形体,将截得的图形向平行的投影面作正投影,从而获得断面图。

断面剖切符号如图 2-19 所示,应以粗实线(长度宜为 6~10mm)表示剖切位置,断面剖切符号的编号宜采用阿拉伯数字按顺序连续编排,并应注写在剖切位置线的一侧,

图 2-21 中断断面图示例   图 2-22 重合断面图示例

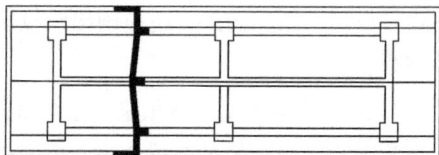

编号所在的一侧应为该断面的剖视方向。断面图通常以断面编号命名，例如X—X断面图或X—X断面，也可简称为X—X。当工程形体有多个断面图时，断面图应按剖切顺序依次编排。在断面图上应画出材料图例，材料图例及其画法都与剖视图中的规定相同。

2.4 简化画法

应用简化画法可提高工作效率，《房屋建筑制图统一标准GB/T 50001—2001》规定的一些简化画法；

1）如图2-23所示，构配件的对称图形，可只画该图形的一半或四分之一，并画出对称符号，也可画一半而稍超出图形的对称线，此时不宜画对称符号。

2）如图2-24所示，构配件内多个完全相同而连续排列的构造要素，可仅在两端或适当位置画出其完整形状，其余部分以中心线或中心线交点表示，如相同构造要素少于中心线交点，则其余部分应在相同构造要素位置的中心线交点处用小圆点表示。

3）如图2-25所示，较长的构件，如沿长度方向的形状相同或按一定现律变化，可断开省略绘制，断开处应以折断线表示。

4）如图2-26所示，一个构配件，如与另一个构配件仅部分不相同，该构配件可只画不同部分，但应在两个构配件的相同部分与不同部分的分界线处，分别绘制连接符号，两个连接符号应对准在同一线上。

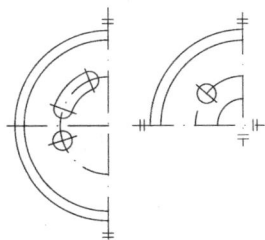

图2-23 对称图形省略画法

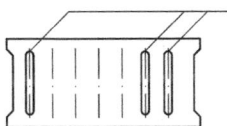

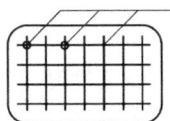

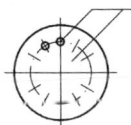

图2-25 折断省略画法

图2-24 相同要素省略画法

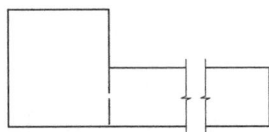

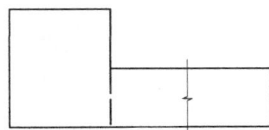

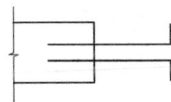

图2-26 构件局部不同省略画法

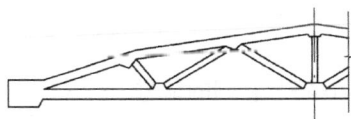

第3章
制图标准

设计师要充分地表达自己的设计意图，就必须掌握标准制图的方法和规则。本章介绍的制图标准，依据房屋建筑制图等基本规定，适用于总图、建筑、装饰、结构、给水排水、暖通空调、电气等各专业制图，其制图方式绘制的图样适用于手工制图及计算机制图的各专业工程制图。

3.1　制图符号

3.1.1　平面剖切符号

为了反映房屋或工程物体的全貌，需要用假想的平行于房屋某一处外墙轴线的铅垂线剖切平面，从上到下将工程物体剖开，将需要留下的部分向与剖切平面平行的投影面作正投影，因此得到的图叫做剖面图。

在标注剖切符号时，都同时注上了编号，剖面图的名称都用其编号来命名，如1—1剖面图，2—2剖面图。

一般剖切部位应根据图纸的用途和设计深度，在平面图上选择能反映工程物体全貌、构造特征以及有代表性的部位剖切，剖视图的剖切方向由平面图中的剖切符号来表示，对剖切符号的使用应符合下列规定：

1) 剖视的剖切符号应由剖切位置线及投射方向线组成，剖切符号用粗实线绘制，剖切位置线长6~10mm，方向线长4~6mm(图3-1)。绘制时，剖视的剖切符号不应与其他图线接触。

2) 剖视剖切符号的编号宜采用阿拉伯数字，按顺序由左至右、由下至上连续编排，并应注写在剖视方向线的端部。

3) 需要转折的剖切位置线，应在转角的外侧加注与该符号相同的编号。

4) 建筑物剖面图的剖切符号宜注写在±0.000标高的平面图上。

5) 断面的剖切符号应只用剖切位置线来表示，并应以粗实线绘制，长度为6~10mm。

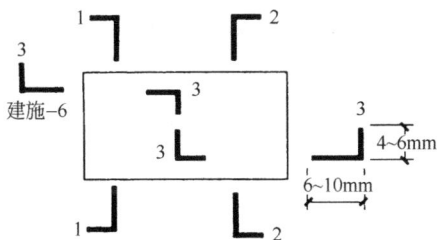

图 3-1 剖面剖切符号

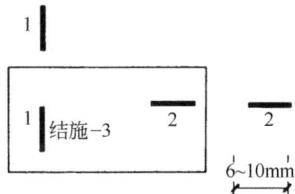

图 3-2 断(截)面剖切符号

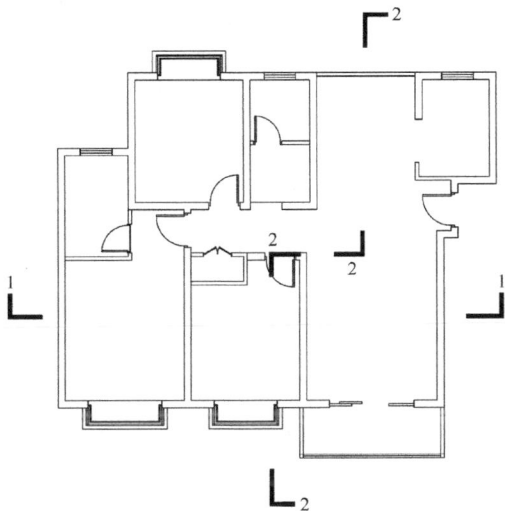

图 3-3 平面图上剖切符号的应用

6) 剖面图或断面图，如与被剖切图样不在同一张图内，可在剖切位置线的另一侧注明其所在图纸的编号，也可以在图上集中说明，如图 3-1 的"建施-6"。

在平面图中标识好剖面符号后，要在绘制剖面图下方注明相对应的剖面图名称，如与图 3-1 相对应的名称为"1—1 剖面图"。

剖面图的比例一般与平面、立面的比例相同。这里特别要注意的是，不同比例的剖面图，其抹灰层的面层、材料图例画法与平面图中的规定相同，详见 3.2 节视图的基本画法。

3.1.2 索引符号

在工程图样的平、立、剖面图中，由于采用比例较小，对于工程物体的很多细部(如窗台、楼地面层、泛水等)和构、配件(如栏杆扶手、门窗、各种装饰等)的构造、尺寸、材料、做法等无法表示清楚，因此为了施工的需要，常将这些在平、立、剖面图上表达不出的地方用较大比例绘制出图样，这些图样称为详图。详图可以是平、立、剖面图中的某一局部放大(大样图),也可以是某一断面、某一建筑的节点(节点图)。

为了在图面中清楚地对这些详图编号,需要在图纸中清晰、有条理地标识出详图的索引符号和详图符号。详图索引符号的圆及直径均应以细实线绘制,圆的直径应为10mm,如图3-4。

索引符号的应用要符合下列规定:

1)索引出的详图,如与被索引的详图同在一张图纸内,应在索引符号的上半圆内用阿拉伯数字注明该详图的编号,并在下半圆中间画一段水平粗实线(图3-4b)。

2)索引出的详图,如与被索引的详图不在同一张图纸内,应在索引符号的上半圆中用阿拉伯数字注明该详图的编号,并在下半圆中用阿拉伯数字注明详图所在图纸的编号(图3-4c)。数字较多时可加文字标注。

3)索引出的详图,如采用标准图,应在索引符号水平直径的延长线上加注该标准图册的编号(图3-4d)。

4)索引符号在使用中如图3-5(a)。针对不同的工程图样还会延伸出其他的形式,如在室内装饰施工图中经常会用到图3-6的形式,由细实线的引出圈和索引符号构成。

5)索引符号如用于索引剖视详图,应在被剖切的部位绘制剖切位置线,并以引出线引出索引符号,引出线所在的一侧应为投射方向。剖切位置线为10mm。索引符

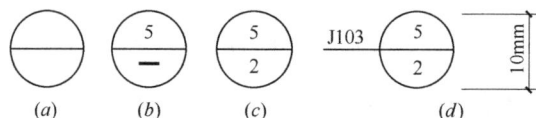

图 3-4 详图索引符号

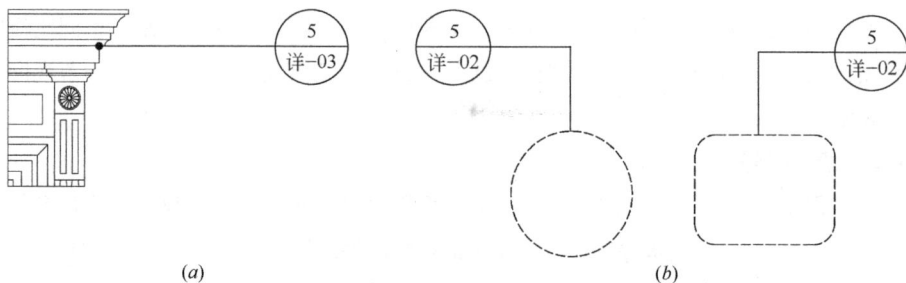

图 3-5 大样索引符号应用

号的编写应符合上述规定(图3-6)。在室内装饰施工图中也会使用到如图3-7的扩展形式。

6) 零件、钢筋、杆件、设备等的编号,以直径为4~6mm的细实线圆表示,其编号应用阿拉伯数字按顺序编写(图3-8)。

3.1.3 详图符号

被索引详图的位置和编号,应以详图符号表示。圆用粗实线绘制,直径为14mm,圆内横线用细实线绘制。详图应按下列规定编号:

1) 详图与被索引的图样同在一张图纸内时,应在详图符号内用阿拉伯数字注明详图的编号(图3-9a)。

2) 详图与被索引的图样不在一张图纸内时,应用细实线在详图符号内画一水平直径,在上半圆中注明详图编号,在下半圆中注明被索引的图纸的编号(图3-9b)。

3.1.4 室内立面索引符号

为表示室内立面在平面上的位置,应在平面图中用内视符号注明视点位置、方向及立面的编号(图3-10a/b/c)立面索引符号由直径为8~12mm的圆构成,以细实线绘制,并以三角形为投影方向共同组成。圆内直线以细实线绘制,在立面索引符号的上半圆内用字母标识,下半圆标识图纸所在位置。在实际应用中也可扩展灵活使用(图3-10d)。图3-11为立面索引符号的在平面中的应用。

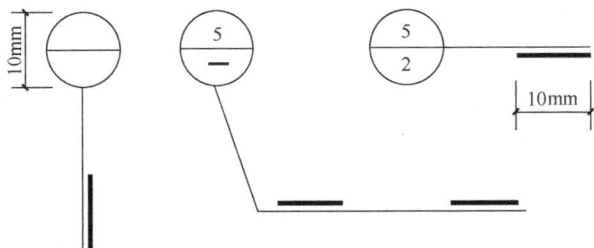

图3-6 用于索引剖面详图的索引符号　　图3-7 应用扩展

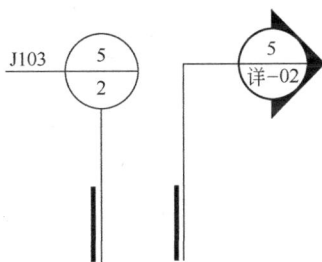

图3-8 零件、配筋等的编号　图3-9 详图符号

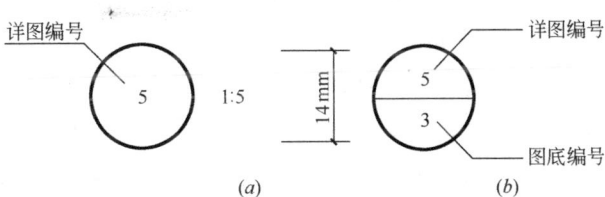

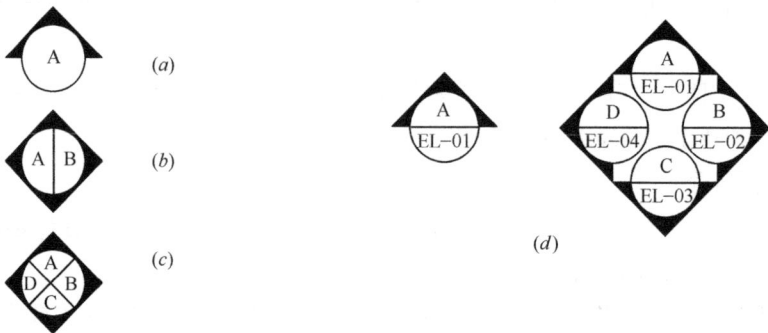

图3-10　立面索引符号
(a)单面内视符号；(b)双面内视符号；(c)四面内视符号；(d)索引符号的扩展使用

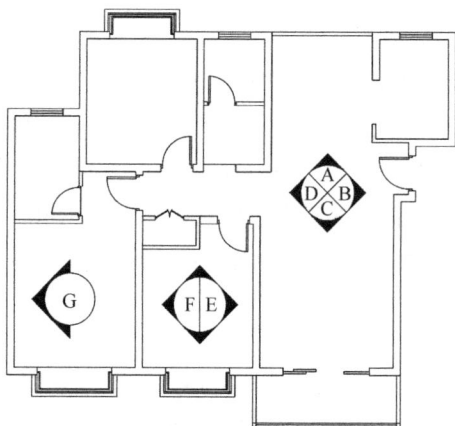

图3-11　平面图上内视符号的应用

3.1.5　图标符号

图标符号是用来表示图样的标题编号，如图3-9(b)就是一种详图图标符号的基本表达形式，在这个基础上也可以进行扩展使用，如图3-12。这种形式主要用于可以索引的图号，如剖立面图、立面图、断面图、节点图、大样图的表达。圆圈的直径为12mm(A3/A4)和14mm(A0/A1/A2)。水平直线为粗实线，粗实线的上方是图名，右部为比例。图名的文字设置为6mm(A0、A1、A2)和5mm(A3、A4)，比例数字为4mm(A0、A1、A2)和3mm(A3、A4)。

对无法使用索引符号的图样，在其下方以简单图标符号的形式表达图样的内容，图标符号由两条长短相同的平行直线和图名及比例共同组成，如图3-13。

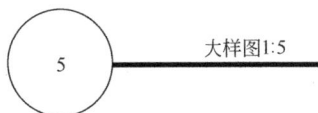

图 3-12 可以用于索引的图标符号

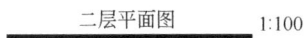

图 3-13 图标符号

图标符号上面的水平线为粗实线，下面的水平线为细实线，粗实线的宽度分别为 1.5mm(A0、A1、A2)和1mm(A3、A4)，两线相距分别是 1.5mm(A0、A1、A2)和1mm(A3、A4)，粗实线的上方是图名，右部为比例。图名的文字设置为6mm(A0、A1、A2)和5mm(A3、A4)，比例数字为4mm(A0、A1、A2)和3mm(A3、A4)。

3.1.6 定位轴线

确定房屋中的墙、柱、梁和屋架等主要承重构件位置的基准线，叫定位轴线，它使房屋的平面划分及构配件统一并趋于简单。是结构计算、施工放线、测量定位的依据。在施工图中定位轴线的标识要符合下列规定：

1) 定位轴线编号的圆圈用细实线绘制，圆圈直径8mm，用在详图中时为10mm，如图 3-14 所示。

2) 轴线编号宜标注在平面图的下方与左侧。

3) 编号顺序应从左至右用阿拉伯数字编写，从下至上用拉丁字母编写，其中I、O、Z不得用作轴线编号，以免与数字1、0、2混淆。如字母数量不够，可用 A_A、B_A……或 A_1、B_1……，如图 3-14 所示。

4) 组合较复杂的平面图中定位轴线也可采用分区编号(图3-15)，编号的注写形式应为"分区号—该分区编号"。分区号采用阿拉伯数字或大写拉丁字母表示。

5) 若房屋平面形状为折线，定位轴线也可以自左向右、自下往上依次编写，如图 3-16。

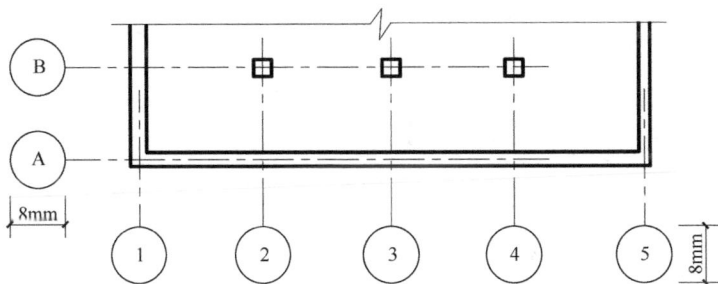

图 3-14 定位轴线

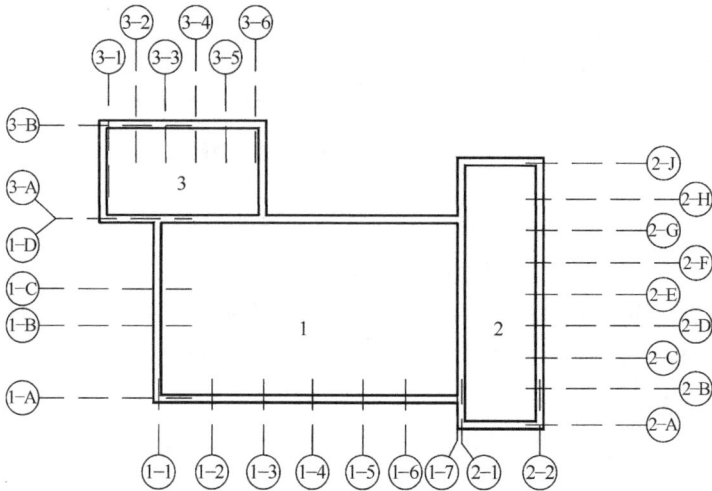

图 3-15　分区编号

6) 圆形平面图中定位轴线的编号，其径向轴线宜用阿拉伯数字表示，从左下角开始，按逆时针方向编写；其圆周轴线宜用大写拉丁字母表示，从外向内编写，如图 3-17。

7) 对某些非承重构件和次要的局部承重构件等，其定位轴线一般作为附加轴线。附加轴线的编号用分数形式表示，两根轴线之间的附加轴线，以分母表示前一根轴线的编号，分子表示附加轴线的编号。附加轴线的编号宜按数字顺序编写，如图 3-18c/d 所示。1 号轴线或 A 号轴线前附加的轴线，应以分母 01、0A 表示，位于 1 号或 A 号轴线之前的轴线，用分子表示，如图 3-18e/f。

8) 一个详图适用于几根轴线时，应同时注明各有关轴线的编号，如图 3-19 所示。

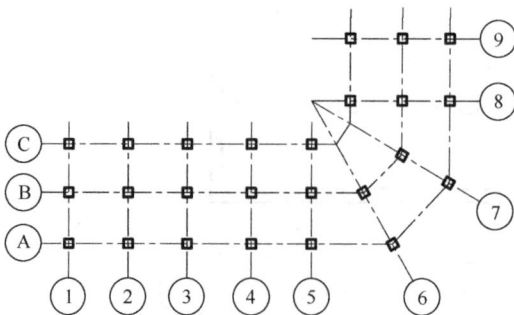

图 3-16　定位轴线

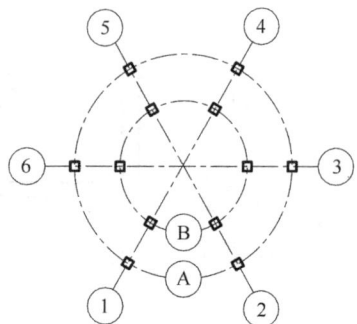

图 3-17　圆形定位轴线编号

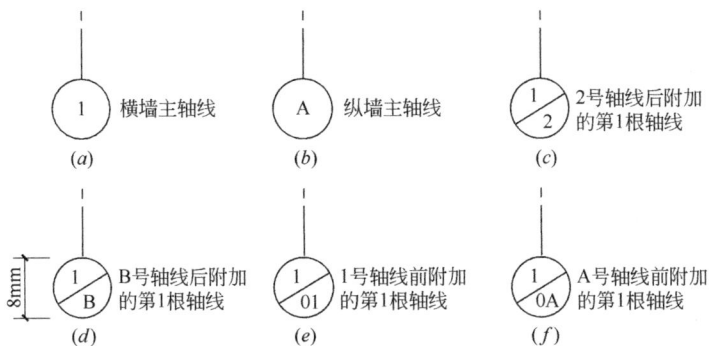

图 3-18　附加轴线的编号

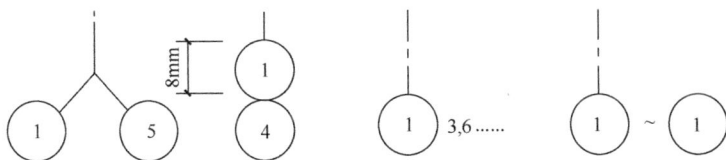

图 3-19　详图的轴线编号

3.1.7　引出线

为了保证图样的清晰、有条理，对各类索引符号、文字说明、材料标注等都采用引出线来连接。引出线用细实线绘制，宜采用水平方向的直线、与水平方向成30°、45°、60°、90°的直线，或经上述角度再折为水平线。文字说明宜注写在水平线的上方(图3-20a)，也可写在端部(b)，索引详图的引出线，应与水平直径线相连接(c)。同时引出几个相同部分的引出线，宜互相平行，也可以画成集中于一点的放射线。

多层构造或多层管道共用引出线，应通过被引出的各层。说明文字顺序由上至下，并应与被说明的层相一致；如果层次为横向排序，则由上至下的说明顺序应与左至右的层次一致，如图3-21。

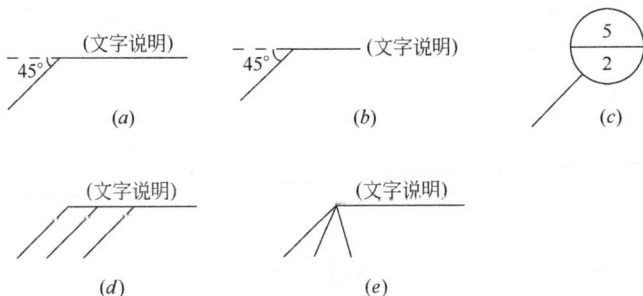

图 3-20　引出线

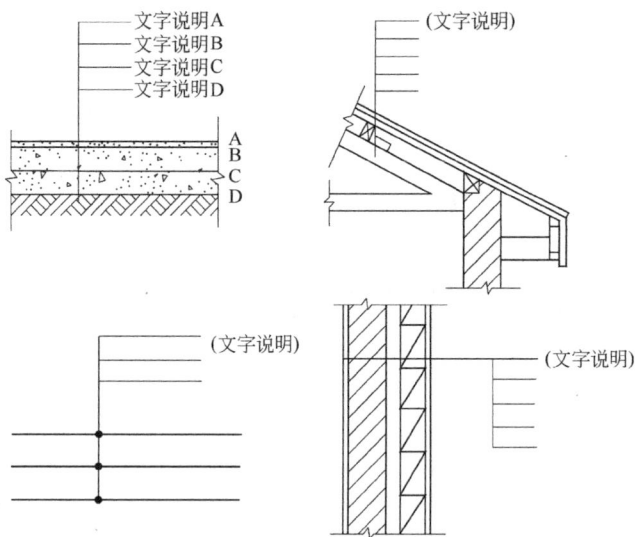

图 3-21　多层构造引出线

3.1.8　标高

标高是能够反映工程物体的绝对高度和相对高度的符号,其标识应符合以下规定:

1) 在总图上等高线所标注的高度为绝对标高。我国将青岛附近黄海的平均海平面定为绝对标高的零点,其他各处的绝对标高就是该零点为基点所量出的高度,它表示了工程物体和周围地形之间的高度关系,例如在总平面图上房屋的平面图形中要标注出底层室内地面的绝对标高,由此根据等高线和底层地面的绝对标高可以看出施工时是挖方还是填方。国家的制图标准规定总平面图上室外标高符号,宜用涂黑的小圆点"●"或三角形"▼"表示。其具体画法如图 3-22。需要注意的是,总图标高尺寸的单位为米,标注到小数点的后两位,建筑标高标注到小数点后三位。

2) 室内及工程形体的标高,具体见图 3-23。标高符号应以直角等腰三角形表示,按(a)所示形式用细实线绘制,如标注位置不够,也可按照(b)所示形式绘制。标高符号的具体画法如图(c)、(d)所示。

楼地面、地下层地面、楼梯、阳台、平台、台阶等处的高度尺寸及标高,在建筑平面图及其详图上,应标注完成面标高,在建筑立面图及其详图上,应标注完成面的标高及高度方向的尺寸。

图 3-22　总平面图室外地坪标高符号

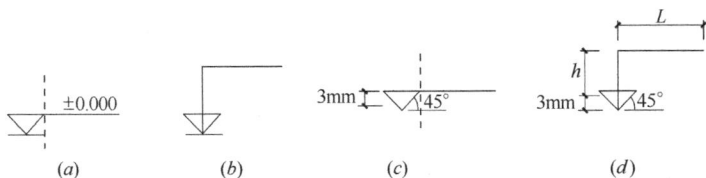

图 3-23　工程物体标高符号

L：注写标高数字的长度，以注写匀称为准。　h：视需要而定。虚线为标高数字的标注起止线。

3) 工程物体的标高为绝对标高，一般以室内一层地坪高度为标高的相对零点位置，由此其他量出的高度为相对标高。绝对标高应注写成图 3-23(a)的形式，低于该点时前面要标上负号"－"，如 3-23(b)，高于该点时不加任何符号。需要注意的是，相对标高以米为单位，标注到小数点后三位。

4) 标高符号的尖端应指至被标注高度的位置。尖端一般应向下，也可向上。标高数字应注写在标高符号的左侧或右侧(图 3-24)。

5) 在同样的同一位置需表示几个不同标高时，标高数字可按照下图形式注写(图 3-25)。

3.1.9　其他符号

1) 对称符号：对称符号由对称线和两端的两对平行线组成。对称线用细点画线绘制；平行线用细实线绘制，其长度宜为 6~10mm，每对的间距宜为 2~3mm；对称线垂直平分两对平行线，两端超出平行线宜为 2~3mm(图 3-26)。

2) 连接符号：连接符号应以折断线表示需连接的部位，两部位相距过远时，折断线两端靠图样一侧应标注大写拉丁字母表示连接编号。两个被连接的图样必须用相同的字母编号(图 3-27)。

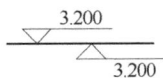

图 3-24

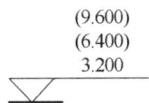

图 3-25

图 3-26　对称符号

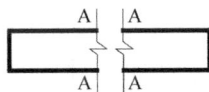

图 3-27　连接符号

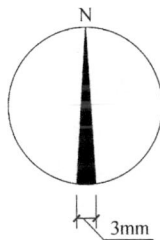

图 3-28　指北针

3) 指北针符号：细实线绘制，直径为24mm，指北针尾部宽约3mm。指针头部应注"北"或"N"字。需要较大直径绘制时，尾部宽度宜为直径的1/8(图3−28)。

4) 坡度符号：如图3−29，(a)为立面坡度符号，(b)为平面坡度符号表示方法。

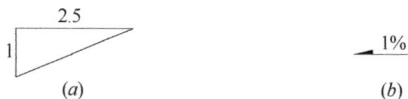

图 3−29 坡度符号

3.2 视图的基本画法及常见错误

3.2.1 视图的基本画法

1) 工程物体应按直接正投影法绘制，顶部应用镜像投影法绘制。

2) 零件或局部构造，除用直接正投影法外，也可用轴侧投影法绘制，以增强立体感。

3) 一张图上绘制几个图样时，宜按主次顺序从左至右依次排列；绘制各层平面时，宜按层的顺序从左至右或从下至上依次排列。

4) 各专业的总平面图布图方向应一致，各专业的个体建筑平面图布图方向也应一致。

5) 圆形、曲线形、折线形等平面形状曲折的建筑物，可绘制展开立面图，但图名后应加展开二字。

6) 比例大于1∶50的平、剖面图，应画出楼地面及抹灰层的面层线，并应画出材料图例；比例等于1∶50的平、剖面图宜画出楼地面的面层线，墙面及顶棚抹灰层的面层线根据需要而定；比例小于1∶50的平、剖面图可不画抹灰层，但宜画出楼地面的面层线；比例为1∶100或1∶200的平、剖面图，砖墙可涂红，钢筋混凝土可涂黑，但楼地面宜画出面层线；比例小于1∶200的平、剖面图可不画材料图例，楼地面的面层线可根据需要而定。

3.2.2 常见错误

工程制图是一项非常复杂的工作，需要多方面的统筹才能保证制图的质量，对于初学者经常会出现以下的问题

1) 尺寸标注矛盾：在各施工图部分中相同工程形体的尺寸标注不同。

2) 剖视方向错误：剖视的方向与剖切符号标识的不同。

3）有图无号、有号无图：在平、立、剖施工图中有索引符号，但在详图中没有此项内容，或者是在平、立、剖施工图中没有索引符号。

4）材料标注矛盾：在各施工图中对同一材料标注不统一。

5）图纸编排错误：图纸编排顺序混乱，图纸号与索引号对不上，图面内容与图框标题不符。

6）数字、文字、符号、线宽的比例设置不当：没有按照规定的大小、粗细和标识方法设置。

7）比例设置不当：对不同尺度的制图对象(详图)比例设置不当。

第4章
建筑工程制图

4.1 建筑图概述

建筑设计分为方案设计、初步设计和施工图设计三个阶段。而初步设计和施工图设计是通过工程制图来表达的，熟悉工程制图的标准、规范是一个建筑设计师必须要掌握的一项基本技能。施工时，需要按建筑施工图，把设计想像中的建筑建造出来。对于建筑相关专业的人员，不但需要能够绘制设计图和施工图，同时还要能看懂各种设计图和施工图，以便在设计过程中能够确定方案或审批方案，本章仅概括地叙述施工图的内容和绘制方法。

4.1.1 建筑的组成

按照建筑不同的使用性质，通常我们把建筑分为：工业建筑(厂房、仓库、动力间等)、农业建筑(谷仓、饲养场等)及民用建筑。其中，民用建筑又可以分为居住建筑(住宅、宿舍、公寓等)和公共建筑(学校、旅馆、剧院等)。

构成每幢建筑物的主要部分一般都是由基础、墙(或柱)、楼(地)面、楼梯、屋顶和门窗等部分组成。此外，还包括台阶(坡道)、雨篷、阳台、雨水管、散水(明沟)以及其他各种构配件和装饰等。

如图4-1所示，为某别墅剖切后的组成示意图。这幢建筑是钢筋混凝土构件和砖墙承重的混合结构，简称砖混结构。钢筋混凝土基础承受上部荷载并传递到地基；用砖砌的内外墙起着承重、围护(保温、隔热、防风、挡雨)和分隔作用；在砖砌的墙内，根据结构的抗震需要，还设有钢筋混凝土构造柱和圈梁；分隔上、下层的楼面承受上部荷载，并传递到墙上；楼梯和电梯联系着上、下三层的楼面；屋顶又称屋盖，起防水、保温、隔热、防风作用；在此别墅的大部分内、外墙上设有不同型号的门和窗。此外，该别墅还设有台阶、雨篷、雨水管、散水，以及楼(地)面与墙面交接处的踢脚、室外地面与外墙面交接处的勒脚(用于保护墙面和墙脚)，还有其他各种构配件和外装饰等。

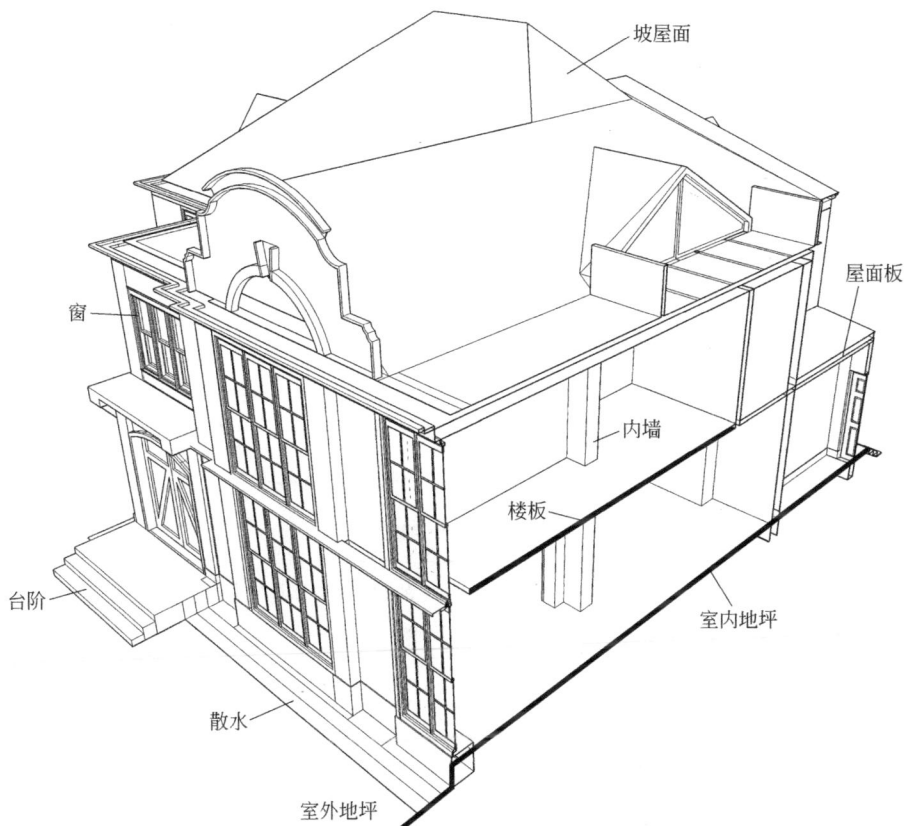

图 4-1 某别墅的组成

4.1.2 施工图的组成

建筑的设计和施工是一个相当复杂的过程，是各个专业人员共同配合的结晶。

按照专业分工的不同，施工图又分为：建筑施工图(简称建施)、结构施工图(简称结施)、给排水施工图(简称水施)、电气施工图(简称电施)、采暖通风施工图(简称暖施，如仅为换气通风施工图，简称风施)，其中，水施、电施、暖施统称为设备施工图(简称设施)。

4.2 建筑施工图

4.2.1 建筑施工图的内容与用途

1) 建筑施工图的内容：主要是指为满足使用和建造要求而采用的技术措施，并应符合相关设计规范的规定，如建筑物的平面构成、立面造型、剖面处理、构造做法以及建筑防火、防水、节能、人防、环保、无障碍设计等。

2) 建筑施工图的用途： 建筑施工图主要是为施工服务的，用来作为施工放线，砌筑基础及墙身，铺设楼板、屋顶、楼梯，安装门窗，室内外装饰以及编制预算和施工组织计划等的依据。

4.2.2 建筑施工图制图依据

1)《房屋建筑制图统一标准》GB/T 50001—2001。

2)《建筑制图标准》GB/T 50104—2001。

3)《总图制图标准》GB/T 50103—2001。

4.2.3 建筑施工图表达的基本构成

建筑施工图的内容主要通过以下两大类进行表达(见图4-2)：

1) 文字表述：包括首页、目录、设计总说明、工程做法、门窗表、计算书等。

2) 制图：包括总平面图、平面图、立面图、剖面图、详图等。

```
                 ┌─ 目录              ┌─ 总平面图
                 ├─ 设计总说明        ├─ 平面图
        文字表述 ├─ 工程做法   + 制图 ├─ 立面图   = 建筑施工图
                 ├─ 门窗表            ├─ 剖面图
                 └─ 计算书            └─ 详图
```

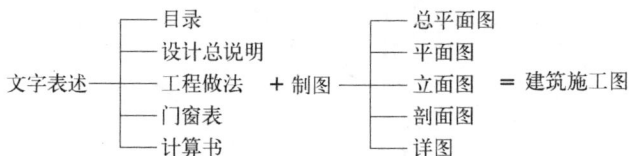

图4-2 建筑施工图的构成

4.2.4 建筑施工图制图基本规定

1. 图线

为了使建筑图中所要表明的不同内容能层次分明，必须采用不同的线型和宽度的图线来表现。建筑施工图的图线线型、宽度宜按照表4-1来选用。

图 线 表4—1

名 称		线 型	线宽	一 般 用 途
实线	粗	————	b	1. 平、剖、立面图中被剖切的主要建筑构造(包括构配件)的主要轮廓线 2. 建筑立面图或室内立面图的外轮廓线 3. 建筑构造详图中被剖切的主要部分的轮廓线 4. 建筑构配件详图中的外轮廓线 5. 平、立、剖面图的剖切符号
	中	————	$0.50b$	1. 平、剖、立面图中被剖切的主要建筑构造(包括构配件)的主要轮廓线 2. 建筑平、立、剖面图中建筑构配件的轮廓线 3. 建筑构造详图及建筑构配件详图中的一般轮廓线
	细	————	$0.25b$	小于0.5b的图形线、尺寸界限、图例线、索引符号、标高符号、详图材料做法引出线

续表

名 称		线 型	线宽	一 般 用 途
虚线	中	-------	0.50b	1．建筑构造详图及建筑构配件不可见的轮廓线 2．平面图中的起重机(吊车)轮廓线 3．拟扩建的建筑物轮廓线
	细	-------	0.25b	图例线、小于0.5b的不可见轮廓线
单点长画线	粗	—·—·—·	b	起重机(吊车)轨道线
	细	—·—·—·	0.25b	中心线、对称线、定位轴线
折断线		——∿——	0.25b	不需要画全的断开界限
波浪线		∿∿∿	0.25b	不需要画全的断开界限 构造层次的断开界限

注：地平线的线宽可用1.4b

2．比例

对于整座建筑物、建筑的局部或细部以及更细小的装饰线脚应分别用不同的比例表达出来，见表4-2。

比 例 表4-2

图 名	比 例
建筑物或构筑物的平面图、立面图、剖面图	1：50、1：100、1：150、1：200、1：300
建筑物或构筑物的局部放大图	1：10、1：20、1：25、1：30、1：50
配件及构造详图	1：1、1：2、1：5、1：10、1：15、1：20、1：25、1：30、1：50

3．图例

建筑设计中建筑物和工程构筑物是按比例缩小绘制，一般建筑细部、建筑材料、构件形状等不能如实绘制，就需要用统一规定的图例或代号进行表达。在建筑工程制图中有各种各样的图例，本章只选用一部分。构造及配件图例及说明见表4-3。

构造及配件图例 表4-3

序号	名 称	图 例	说 明
1	墙体		应加注文字或填充图例表示墙体材料，在项目设计图纸说明中列材料图例表给予说明

续表

序号	名 称	图 例	说 明
2	隔断		1. 包括板条抹灰、木制、石膏板、金属材料等隔断 2. 适用于到顶与不到顶隔断
3	栏杆		
4	楼梯	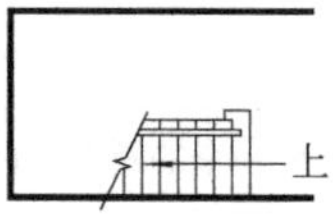 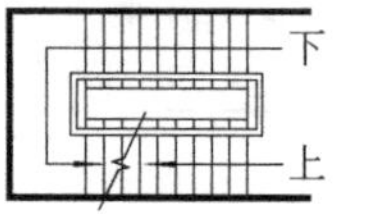 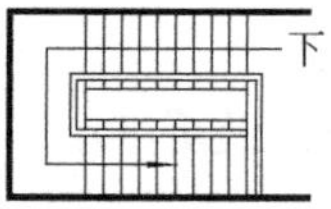	1. 上图为底层楼梯平面，中图为中间层楼梯平面，下图为顶层楼梯平面 2. 楼梯及栏杆扶手的形式和梯段踏步数应按实际情况绘制
5	坡道	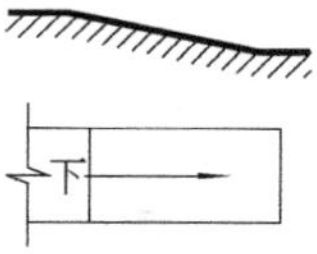 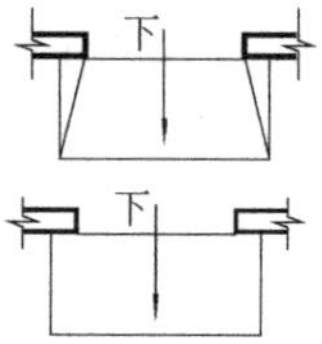	上图为长坡道，下图为门口坡道
6	平面高差	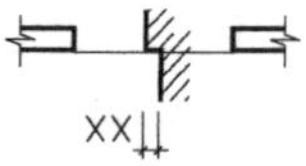	适用于高差小于100的两个地面或楼面相接处
7	检查孔	 	左图为可见检查孔 右图为不可见检查孔
8	孔洞		阴影部分可以涂色代替

续表

序号	名　称	图　例	说　明
9	坑槽		
10	墙预留洞	宽×高或φ 底(顶或中心)标高XX.XXX	1. 以洞中心或洞边定位 2. 宜以涂色区别墙体和留洞位置
11	墙预留槽	宽×高×深或φ 底(顶或中心)标高XX.XXX	
12	烟道		1. 阴影部分可以涂色代替 2. 烟道与墙体为同一材料，其相接处墙身线应断开
13	通风道		
14	新建的墙和窗		1. 本图以小型砌块为图例，绘图时应按所用材料的图例绘制，不易以图例绘制的，可在墙面上以文字或代号注明 2. 小比例绘图时平、剖面窗线可用单粗实线表示
15	改建时保留的原有墙和窗		
16	应拆除的墙		
17	在原有墙或楼板上新开的洞		

序号	名　称	图　例	说　明
18	在原有洞旁扩大的洞	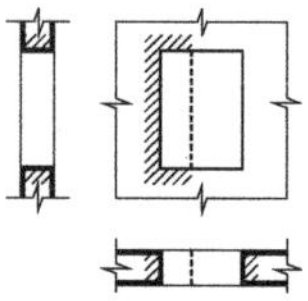	
19	在原有墙或楼板上全部填塞的洞	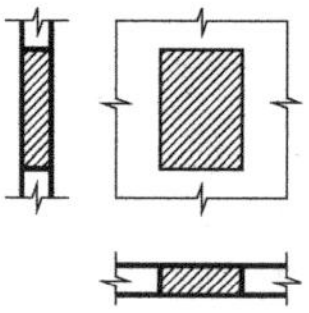	
20	在原有墙或楼板上局部填塞的洞	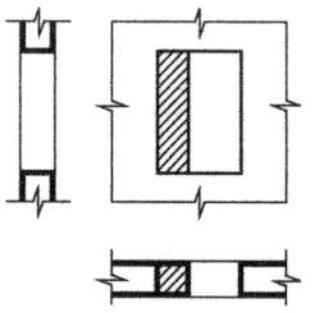	
21	空门洞	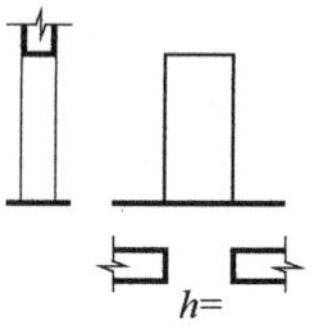 $h=$	h 为门洞高度
22	单扇门(包括平开或单面弹簧)	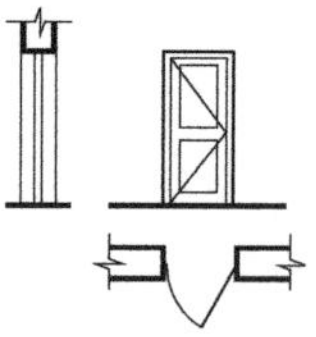	1. 门的名称代号用M 2. 图例中剖面图左为外、右为内，平面图下为外、上为内 3. 立面图上开启方向线交角的一侧为安装铰链的一侧，实线为外开，虚线为内开 4. 平面图上门线应90°或45°开启，开启弧线宜绘出 5. 立面图上的开启线在一般设计图中可不表示，在详图及室内设计图上应表示 6. 立面形式应按实际情况绘制
23	双扇门(包括平开或单面弹簧)	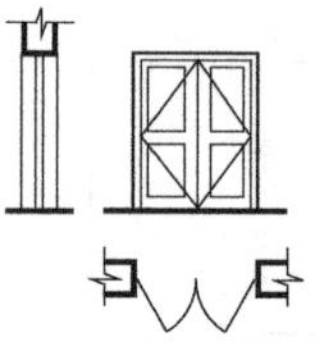	
24	对开折叠门	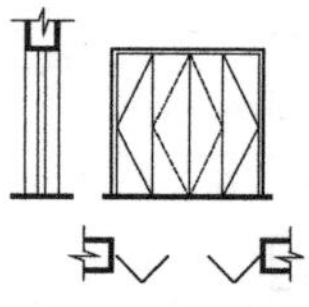	

续表

序号	名　称	图　例	说　明
25	推拉门	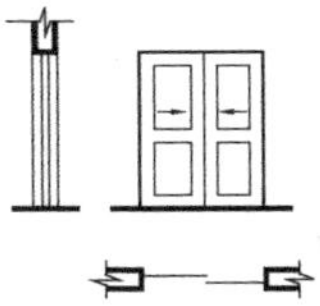	1. 门的名称代号用 M 2. 图例中剖面图左为外、右为内，平面图下为外、上为内 3. 立面形式应按实际情况绘制
26	墙外单扇推拉门	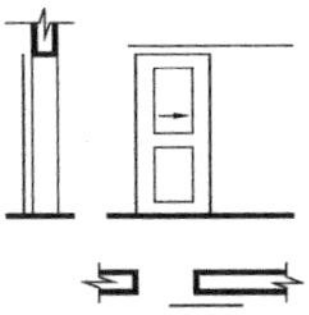	
27	墙外双扇推拉门	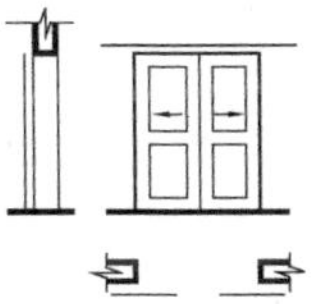	1. 门的名称代号用 M 2. 图例中剖面图左为外、右为内，平面图下为外、上为内 3. 立面形式应按实际情况绘制
28	墙中单扇推拉门	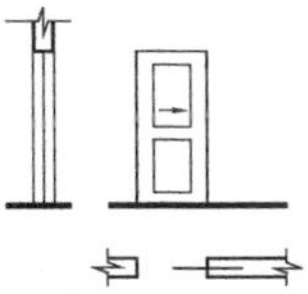	
29	墙中双扇推拉门	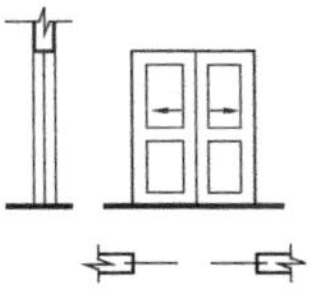	1. 门的名称代号用 M 2. 图例中剖面图左为外、右为内，平面图下为外、上为内 3. 立面图上开启方向线交角的一侧为安装合页的一侧，实线为外开，虚线为内开
30	单扇双面弹簧门	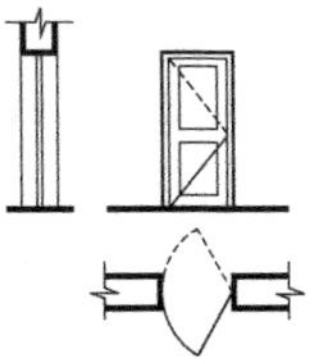	4. 平面图上门线应 90° 或 45° 开启，开启弧线宜绘出 5. 立面图上的开启线在一般设计图中可不表示，在详图及室内设计图上应表示 6. 立面形式应按实际情况绘制
31	双扇双面弹簧门	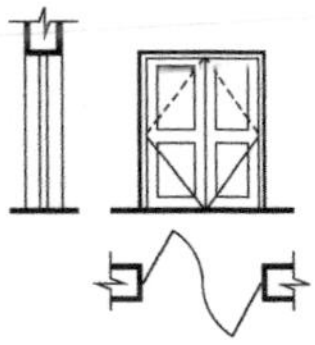	

序号	名　称	图　例	说　明
32	单扇内外开双层门 (包括平开或单面弹簧)	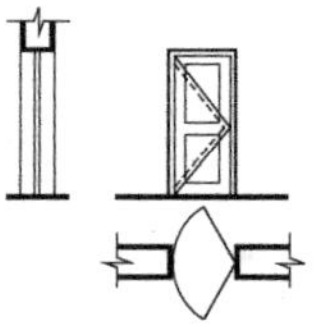	
33	双扇内外开双层门 (包括平开或单面弹簧)	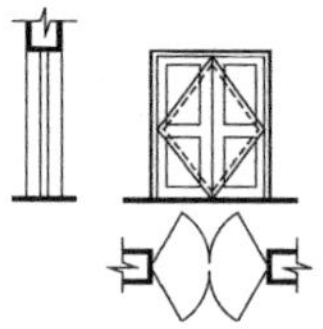	
34	转门	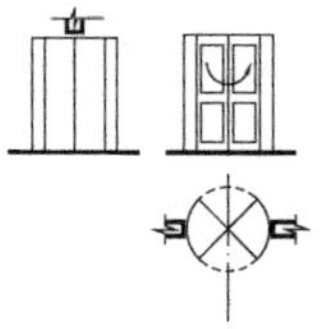	1．门的名称代号用M 2．图例中剖面图左为外、右为内，平面图下为外、上为内 3．平面图上门线应90°或45°开启，开启弧线宜绘出 4．立面图上的开启线在一般设计图中可不表示，在详图及室内设计图上应表示 5．立面形式应按实际情况绘制
35	自动门	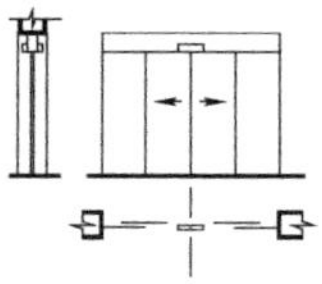	1．门的名称代号用M 2．图例中剖面图左为外、右为内，平面图下为外、上为内 3．立面形式应按实际情况绘制
36	折叠上翻门	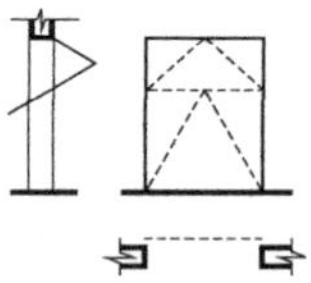	1．门的名称代号用M 2．图例中剖面图左为外、右为内，平面图下为外、上为内 3．立面图上开启方向线交角的一侧为安装合页的一侧，实线为外开，虚线为内开 4．立面形式应按实际情况绘制 5．立面图上的开启线设计图中应表示
37	双扇门(包括平开 或单面弹簧)	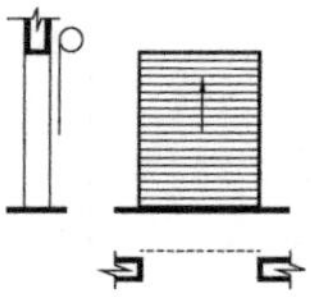	1．门的名称代号用M 2．图例中剖面图左为外、右为内，平面图下为外、上为内 3．立面形式应按实际情况绘制

序号	名　称	图　例	说　明
38	横向卷帘门	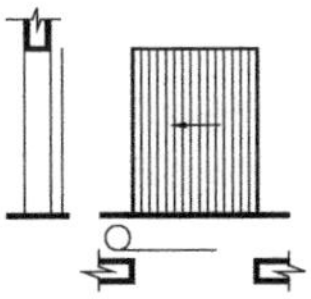	1. 门的名称代号用 M 2. 图例中剖面图左为外、右为内，平面图下为外、上为内 3. 立面形式应按实际情况绘制
39	提升门	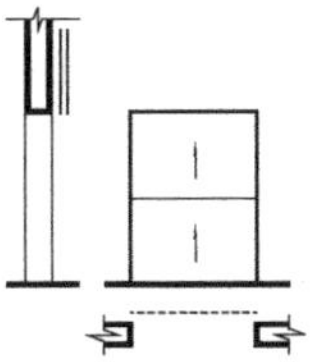	
40	单层固定窗	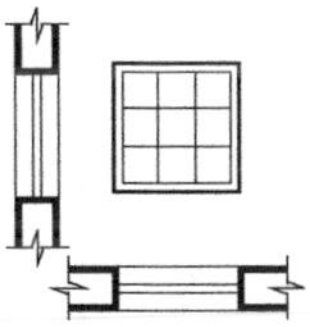	
41	单层外开上悬窗	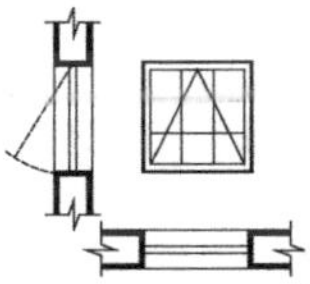	1. 窗的名称代号用 C 表示 2. 立面图中的斜线表示窗的开启方向，实线为外开，虚线为内开；开启方向线交角的一侧为安装合页的一侧，一般设计图中可不表示 3. 图例中，剖面图所示左为外，右为内，平面图所示下为外，上为内 4. 平面图和剖面图上的虚线仅说明开关方式，在设计图中不需表示 5. 窗的立面形式应按实际绘制 6. 小比例绘图时平、剖面的窗线可用单粗实线表示
42	单层中悬窗	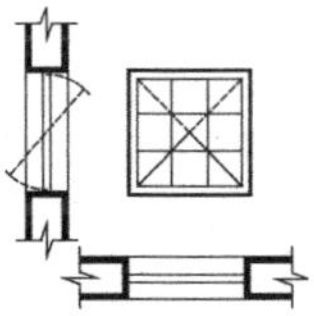	
43	单层内开下悬窗	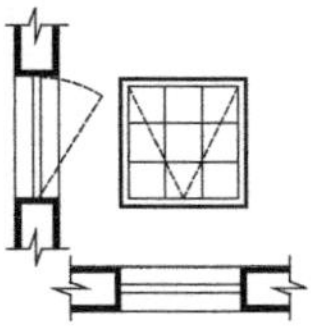	
44	立转窗	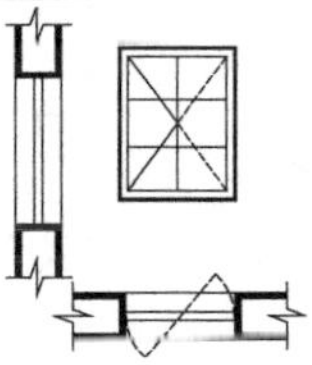	

续表

序号	名　　称	图　例	说　明
45	单层外开平开窗	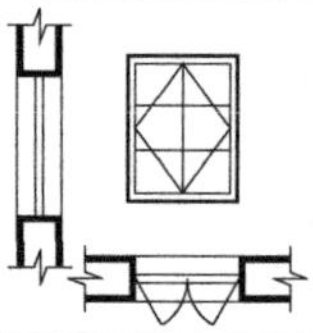	1. 窗的名称代号用C表示 2. 立面图中的斜线表示窗的开启方向，实线为外开，虚线为内开；开启方向线交角的一侧为安装合页的一侧，一般设计图中可不表示 3. 图例中，剖面图所示左为外，右为内，平面图所示下为外，上为内 4. 平面图和剖面图上的虚线仅说明开关方式，在设计图中不需表示 5. 窗的立面形式应按实际绘制 6. 小比例绘图时平、剖面的窗线可用单粗实线表示
46	单层内开平开窗	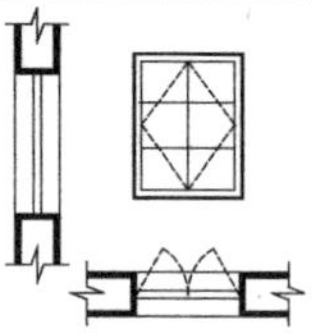	
47	双层内外开平开窗	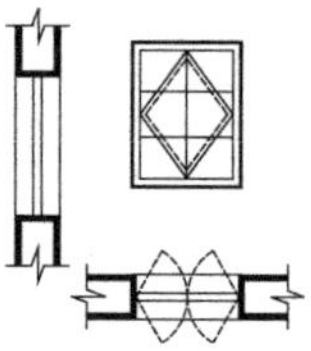	
48	推拉窗	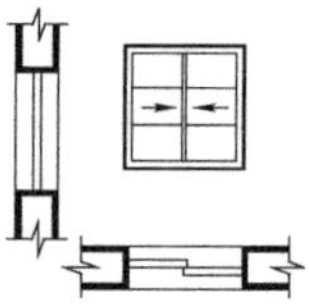	1. 窗的名称代号用C表示 2. 图例中，剖面图所示左为外，右为内，平面图所示下为外，上为内 3. 窗的立面形式应按实际绘制 4. 小比例绘图时平、剖面的窗线可用单粗实线表示
49	上推窗	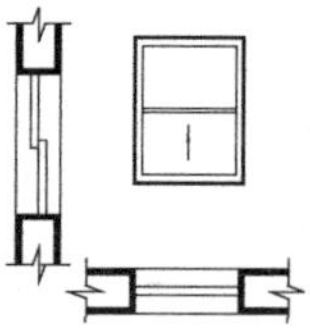	1. 窗的名称代号用C表示 2. 图例中，剖面图所示左为外，右为内，平面图所示下为外，上为内 3. 窗的立面形式应按实际绘制 4. 小比例绘图时平、剖面的窗线可用单粗实线表示
50	百叶窗	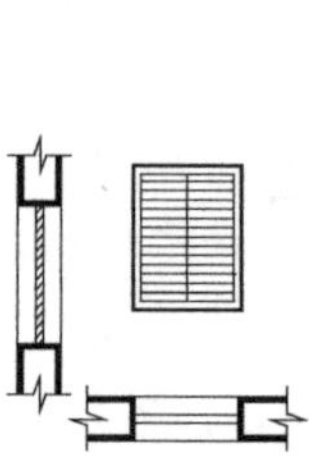	1. 窗的名称代号用C表示 2. 立面图中的斜线表示窗的开启方向，实线为外开，虚线为内开；开启方向线交角的一侧为安装合页的一侧，一般设计图中可不表示 3. 图例中，剖面图所示左为外，右为内，平面图所示下为外，上为内 4. 平面图和剖面图上的虚线仅说明开关方式，在设计图中不需表示 5. 窗的立面形式应按实际绘制

续表

序号	名　称	图　例	说　明
51	高窗	$h=$	1. 窗的名称代号用 C 表示 2. 立面图中的斜线表示窗的开启方向，实线为外开，虚线为内开；开启方向线交角的一侧为安装合页的一侧，一般设计图中可不表示 3. 图例中，剖面图所示左为外，右为内，平面图所示下为外，上为内 4. 平面图和剖面图上的虚线仅说明开关方式，在设计图中不需表示 5. 窗的立面形式应按实际绘制 6. h 为窗底距本层楼地面的高度

4.2.5　常用的建筑名词和术语

1) 开间(柱距)：是指两条相邻的横向定位轴线之间的距离。

2) 进深(跨度)：是指两条相邻的纵向定位轴线之间的距离。

3) 层高：是指从本层地面或楼面到相邻的上一层楼面的距离。

4) 顶层层高：是指从顶层的楼面到顶层顶板结构上皮的距离。

5) 净高：是指从本层的地面或楼面到本层的板底、梁底或吊顶棚底的距离，即层高减去结构和装修厚度的房间净空高度。

6) 建筑面积：是指建筑物各层外墙(或外柱)外围以内水平投影面积之和，它包括使用面积、交通面积和结构面积三项。

7) 使用面积：是指主要使用房间和辅助使用房间的净面积。

8) 交通面积：是指作为交通联系用的空间或设备所占的面积。

9) 结构面积：是指建筑结构构件所占的面积。

10) 道路红线：简称红线，是指道路用地的边界线。在红线内不允许建任何永久性建筑。

11) 建筑红线：是指建筑的外立面所不能超出的界线。建筑红线可与道路红线重合，一般在新城市中常使建筑红线退后道路红线，以便腾出用地，改善或美化环境，常取得良好的效果。

12) 建筑系数：建筑占地系数的简称，指一定建筑用地范围内所有建筑物占地面积与用地总面积之比，以百分率(%)计。

13) 建筑物的总高度：是指从室外地坪到女儿墙上皮或挑檐上皮的距离。

14) 楼梯井：是指楼梯段与休息平台所围合的空间。

4.3 建筑总平面图

总平面图是新建筑总体性布局以及与外界关系的平面图。总平面图上要绘制新建建筑的位置、平面形状、朝向、标高、新设计的道路、绿化以及原有房屋、道路、河流等关系。它是新建筑的定位、施工放线、土方施工及布置施工现场的依据，同时也是其他专业管线设置的依据。

4.3.1 制图基本要求

1. 图线

总图制图，应根据图纸的功能，按表4-4规定的线型选用。

图　　线　　　　　　　　　　　　　　　　表4-4

名　称		线　型	线宽	一　般　用　途
实　线	粗	———————	b	1. 新建建筑物±0.00高度的可见轮廓线 2. 新建的铁路、管线
	中	———————	$0.5b$	1. 建(构)筑物、道路、桥涵、边坡、围墙、露天堆场、运输设施、挡土墙的可见轮廓线 2. 场地、区域分界线、用地红线、尺寸起止符、河道蓝线 3. 新建建筑物±0.00高度以外的可见轮廓线
	细	———————	$0.25b$	1. 新建道路路肩、人行道、排水沟、树丛、草地、花坛的可见轮廓线 2. 原有(包括保留和拟拆除的)建(构)筑物、铁路、道路、桥涵、围墙的可见轮廓线 3. 坐标网线、图例线、尺寸线、尺寸界限、引出线、索引符号等
虚　线	粗	- - - - - -	b	新建建(构)筑物的不可见轮廓线
	中	- - - - - -	$0.5b$	1. 计划扩建建(构)筑物、预留地、铁路、道路、桥涵、围墙、运输设施、管线的轮廓线 2. 洪水淹没线
	细	- - - - - -	$0.25b$	原有建(构)筑物、铁路、道路、桥涵、围墙的不可见轮廓线

名 称		线 型	线 宽	一 般 用 途
单点长画线	粗	━ ▪ ━ ▪ ━	b	露天矿开采边界线
	中	─ ▪ ─ ▪ ─	$0.5b$	土方填挖区的零点线
	细	─ ▪ ─ ▪ ─	$0.25b$	分水线、中心线、对称线、定位轴线
粗双点长画线		━ ▪▪ ━ ▪▪ ━	b	地下开采区塌落界限
折断线		─────╱\────	$0.25b$	断开界限
波浪线		∿∿∿∿	$0.25b$	断开界限

2. 比例

总图制图采用的比例,宜符合表4-5的规定。

比 例　　　　　　　　　　　　　　表4-5

地理、交通位置图	1:25000、1:200000
总体规划、总体布置、区域位置图	1:2000、1:5000、1:10000、1:25000、1:50000
总平面图、竖向布置图、管线综合图、土方图、排水图、铁路或道路平面图、绿化平面图	1:500、1:1000、1:2000
铁路、道路纵断面图	垂直:1:100、1:200、1:500 水平:1:1000、1:2000、1:5000
铁路、道路横断面图	1:50、1:100、1:200、1:100
场地断面图	1:100、1:200、1:500、1:1000

3. 计量单位

1) 总图中的坐标、标高、距离宜以米(m)为单位,并应至少取至小数点后两位,不足时以"0"补齐。详图宜以毫米(mm)为单位,如不以毫米为单位,应另加说明。

2) 建筑物、构筑物、铁路、道路方位角(或方向角)和铁路、道路转向角的度数,宜注写到"秒",特殊情况,应另加说明。

3) 铁路纵坡度宜以千分计,道路纵坡度、场地平整坡度、排水沟沟底纵坡度宜以百分计,并应取至小数点后一位,不足时以"0"补齐。

4. 坐标注法

1) 总图按上北下南方向绘制。根据场地形状或布局,可向左或右偏转,但不宜超过45°。总平面图中应绘制指北针或风向玫瑰图(如图4-3)。

在占地较小的总平面图中,图中的建筑朝向用指北针来表示。在占地较大的总平面图中,为了总体规划的需要,要画出风向频率玫瑰图,简称风玫瑰图。具体画法是

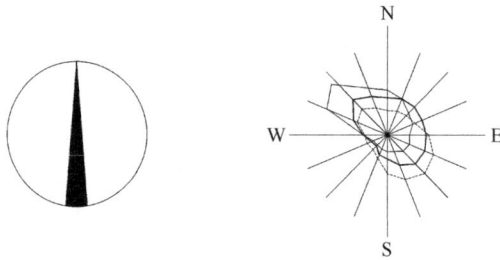

图4-3 指北针与风玫瑰图

将东西南北划分为16个(或8个)方位,根据气象统计资料计算出多年在12个月或夏季三个月内各个方位的刮风次数与刮风总次数之比,定出每个方位的长度,连接各得到点一个多边形,其中,粗实线表示全年的风向,细虚线表示夏季风向,细实线表示冬季风向。风向由各个方向吹向中心,风向频率最大的方位为该地区的主导风向。

2) 确定建筑物、构筑物在总平面图上的位置,要用坐标网。坐标网分为测量坐标网和建筑坐标网。坐标网格应以细实线表示。测量坐标网应画成交叉十字线,坐标代号宜用"X、Y"表示;X为南北方向轴线,X的增量在X轴线上;Y为东西方向轴线,Y的增量在Y轴线上。

当建筑物、构筑物的两个方向与测量坐标网不平行时,可增画一个与建筑物、构筑物两个主向平行的坐标网,叫建筑坐标网(见图4-4)。建筑坐标网应画成网格通线,坐标代号宜用"A、B"表示。坐标值为负数时,应注"−"号,为正数时,"+"号表示。

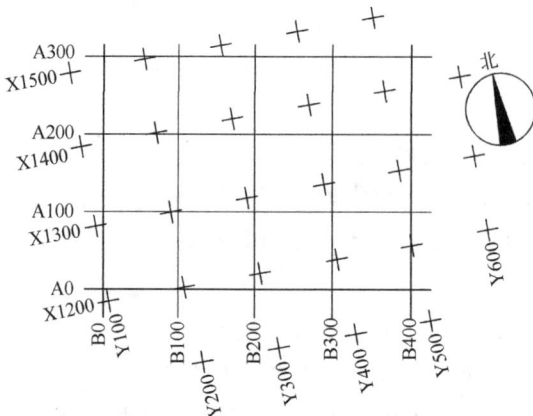

图4-4 建筑坐标网

3) 总平面图上有测量和建筑两种坐标系统时,应在附注中注明两种坐标系统的换算公式。

4) 表示建筑物、构筑物位置的坐标,宜注其三个角的坐标,如建筑物、构筑物与坐标轴线平行,可注其对角坐标。

5) 在一张图上,主要建筑物、构筑物用坐标定位时,较小的建筑物、构筑物也可用相对尺寸定位。

6) 建筑物、构筑物、铁路、道路、管线等应标注下列部位的坐标或定位尺寸。

(1) 建筑物、构筑物的定位轴线(或外墙面)或其交点;

(2) 圆形建筑物、构筑物的中心;

(3) 皮带走廊的中线或其交点;

(4) 铁路道岔的理论中心,铁路、道路的中线或转折点;

(5) 管线(包括管沟、管架或管桥)的中线或其交点;

(6) 挡土墙顶外边缘线或转折点。

7) 坐标宜直接标注在图上,如图面无足够的位置,也可列表标注。

8) 在一张图上,如坐标数字的位数太多时,可将前面相同的位数省略,其省略位数应在附注中加以说明。

5. 标高注法

总平面图上等交线所注数字代表的高度为绝对标高。我国将青岛附近黄海的平均海平面定为绝对标高的零点,其他各处的绝对标高就是以该零点为基点所量出的高度。它表示出了各处的地形以及建筑与地形之间的高度关系。在总平面图上建筑的平面图形中要标注出室内地面的绝对标高。具体要求如下:

1) 应以含有 ± 0.00 标高的平面作为总平面图。

2) 总图中标注的标高为绝对标高,如标注相对标高,则应注明相对标高与绝对标高的换算关系。

3) 总平面图上的室外标高符号,宜用涂黑的小圆圈"●"或三角形"▼"来表示。

4) 建筑物、构筑物、铁路、道路、管沟等应按以下规定标注有关部位的标高:

(1) 建筑物室内地坪,标注建筑图中 ± 0.00 处的标高,对不同高度的地坪,分别标注其标高;

(2) 建筑室外散水,标注建筑物四周转角或两对角的散水坡角处的标高;

(3) 构筑物标注其有代表性的标高,并用文字注明标高所指的位置(图 4—5);

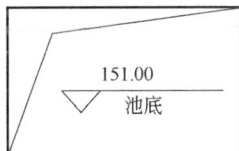
图 4 5 标高注法

(4) 铁路标注轨顶标高；

(5) 道路标注路面中心交叉点及变坡点的标高；

(6) 挡土墙标注墙顶和墙趾标高，路堤、边坡标注坡顶和坡脚标高，排水沟标注沟顶和沟底标高；

(7) 场地平整标注其控制位置标高，铺砌场地标注其铺砌面标高。

6．房屋层数表示

总平面图中，当新建房屋的层数不多时，可用小黑点标在房屋的右上角来表示，如小黑点表示新建房屋的层数较多时，宜在同样位置用数字来表示。同一张图，宜统一用一种方法表示。

7．其他

1) 总图上的建筑物、构筑物应注写名称，名称宜直接标注在图上。当图样比例小或图面无足够的位置时，也可编号列表编注在图内。当图形过小时，可标注在图形外侧附近处。

2) 总图上的铁路线路、铁路岔道、铁路及道路曲线转折点等，均进行编号。

3) 厂矿铁路、道路的曲线转折点，应用代号JD后加阿拉伯数字(如JD1、JD2······)顺序编号。

4) 一个工程中，整套总图图纸所注写的场地、建筑物、构筑物、铁路、道路等的名称应统一，各设计阶段的上述名称和编号应一致。

4.3.2　图例

在总平面图上，由于表示出用地范围内所包含建筑物、构筑物等内容，如新、旧建筑，道路，桥梁，绿化，河流等，一般用图例来进行表示，见表4-6。

总平面图图例　　　　　　　　　　表4-6

名　　称	图　　例	说　　明
新建建筑物	<div align="right">8</div> ▲	1．需要时，可用▲表示出入口，可在图形内右上角用点数或数字表示层数； 2．建筑物外形(一般以±0.000高度处的外墙定位轴线或外墙面线为准)用粗实线表示，需要时，地面以上建筑用中粗实线表示，地面以下用细虚线表示
原有建筑物		用细实线表示

续表

名　称	图　例	说　明
计划扩建的预留地或建筑物		用中粗虚线表示
拆除的建筑物	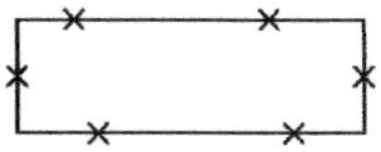	用细实线表示
建筑物下面的通道	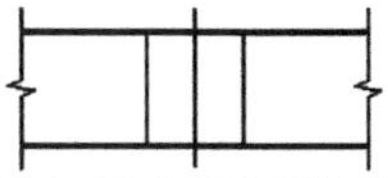	
散状材料露天堆场	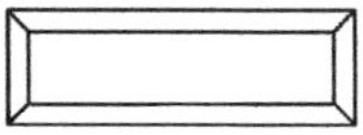	
其他材料露天堆场或露天作业场	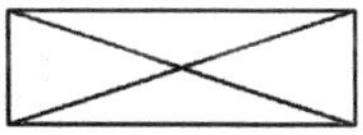	需要时可注明材料名称
铺砌场地	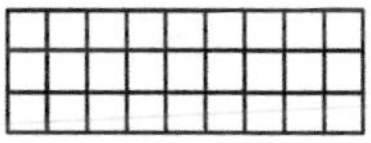	
敞棚或敞廊	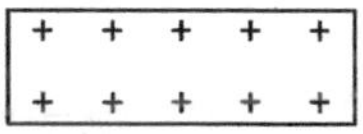	
冷却塔(池)		应注明冷却塔或冷却池
水塔，贮罐	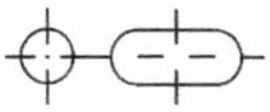	左图为水塔或立式贮罐右图为卧式贮罐
水池、坑槽		也可以不涂黑
烟囱		实线为烟囱下部直径，虚线为基础，必要时可注写烟囱高度和上、下口直径
围墙及大门	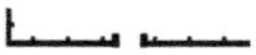	上图为实体性质的围墙，下图为通透性质的围墙，若仅表示围墙时不画大门
挡土墙		
挡土墙上设围墙		被挡土在"突出"的一侧

续表

名　　称	图　　例	说　　明
台阶	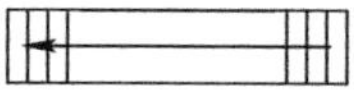	箭头指向表示向下
露天桥式起重机		"+"为柱子位置
架空索道		"I"为支架位置
坐标	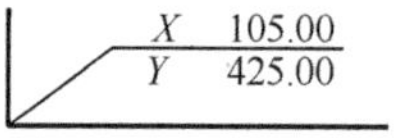 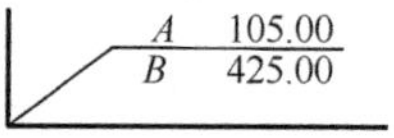 X　105.00 Y　425.00 A　105.00 B　425.00	上图表示测量坐标下图表示建筑坐标
填方区、挖方区、未整平区及零点线	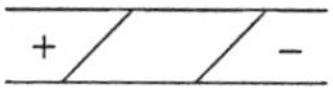 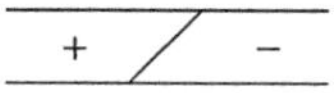 +　　－ +　　－	"+"表示填方区 "－"表示挖方区 中间为未整平区 点画线为零点线
填挖边坡	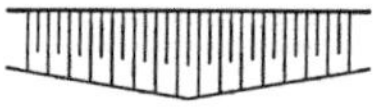	1. 边坡较长时，可在一端或两端局部表示； 2. 下边线为虚线时表示填方
护坡	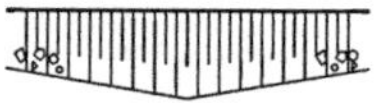	
地表排水方向		
截水沟或排水沟	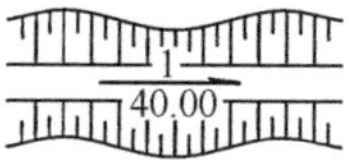 40.00	"1"表示1%的沟底纵向坡度，"40.00"表示变坡点间距离，箭头表示水流方向
排水明沟	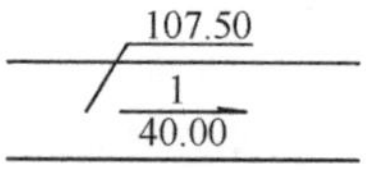 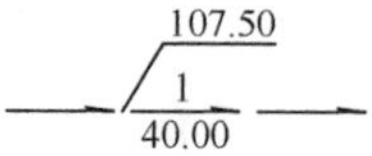 107.50 1 40.00 107.50 1 40.00	1. 上图用于比例较大的图面，下图用于比例较小的图面 2. "1"表示1%的沟底纵向坡度，"40.00"表示变坡点间距离，箭头表示水流方向 3. "107.50"表示沟底标高
铺砌的排水明沟	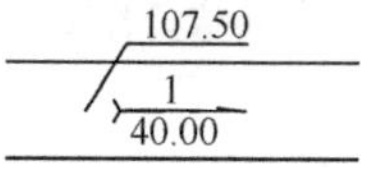 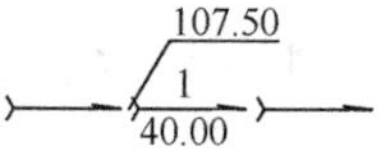 107.50 1 40.00 107.50 1 40.00	1. 上图用于比例较大的图面，下图用于比例较小的图面 2. "1"表示1%的沟底纵向坡度，"40.00"表示变坡点间距离，箭头表示水流方向 3. "107.50"表示沟底标高

续表

名　称	图　例	说　明
有盖的排水沟	$\xleftarrow{\dfrac{1}{40.00}}$ $\xleftarrow{\dfrac{1}{40.00}}$	1. 上图用于比例较大的图面,下图用于比例较小的图面 2. "1"表示1%的沟底纵向坡度,"40.00"表示变坡点间距离,箭头表示水流方向 3. "107.50"表示沟底标高
雨水井	▢■	
消火栓井	◉	
拦水(闸)坝	┴┴┴┴┴┴┴┴┴	

4.3.3　总平面图制图的基本内容

1) 表达出图名、比例。

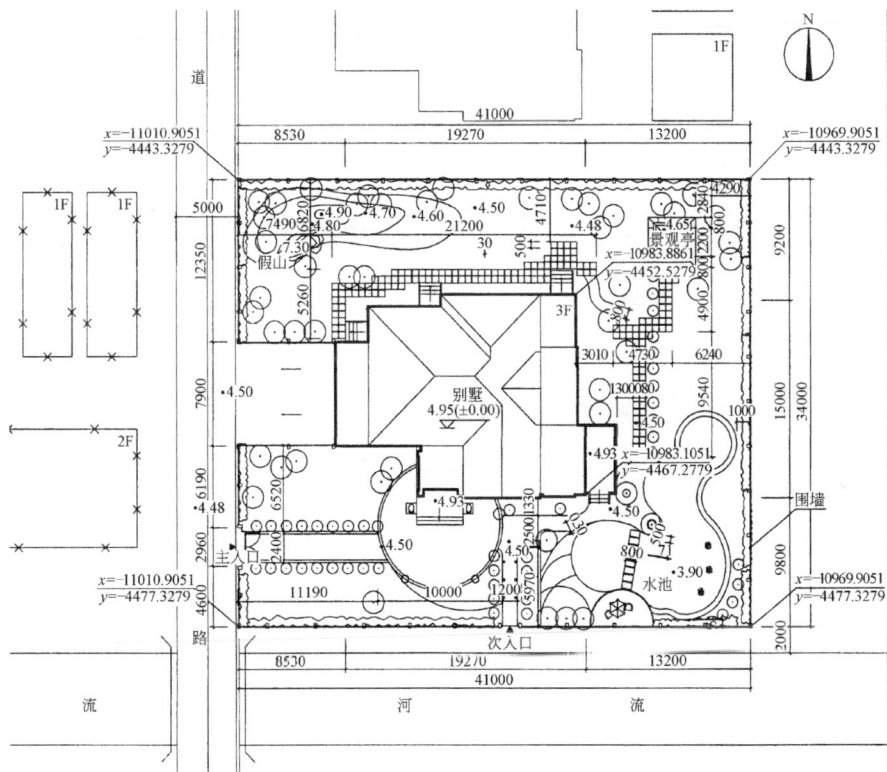

图 4-6　总平面图 1∶300

2）用图例表示出新建或扩建区域的总体布局，表明各建筑物和构筑物的位置、层数、道路、广场、绿化等的布置情况。

3）确定新建或扩建工程的具体位置，标出坐标或定位尺寸，标注出新建建筑的总长、总宽的尺寸；新建建筑之间，新建建筑与原有建筑之间以及与道路、绿化等之间的距离。标注尺寸以米为单位，标注到小数点后两位。

4）注明新建房屋底层室内地面和室外整平地面的绝对标高。

5）画出风玫瑰图或指北针。

4.4 建筑平面图

4.4.1 平面图的形成、名称

建筑平面图(除屋顶平面图以外)是房屋的水平剖视图，是假想用水平剖切面在门窗洞口处把整幢房屋剖开，移去上面部分后向水平面正投影所得的水平剖视图，习惯称为平面图。

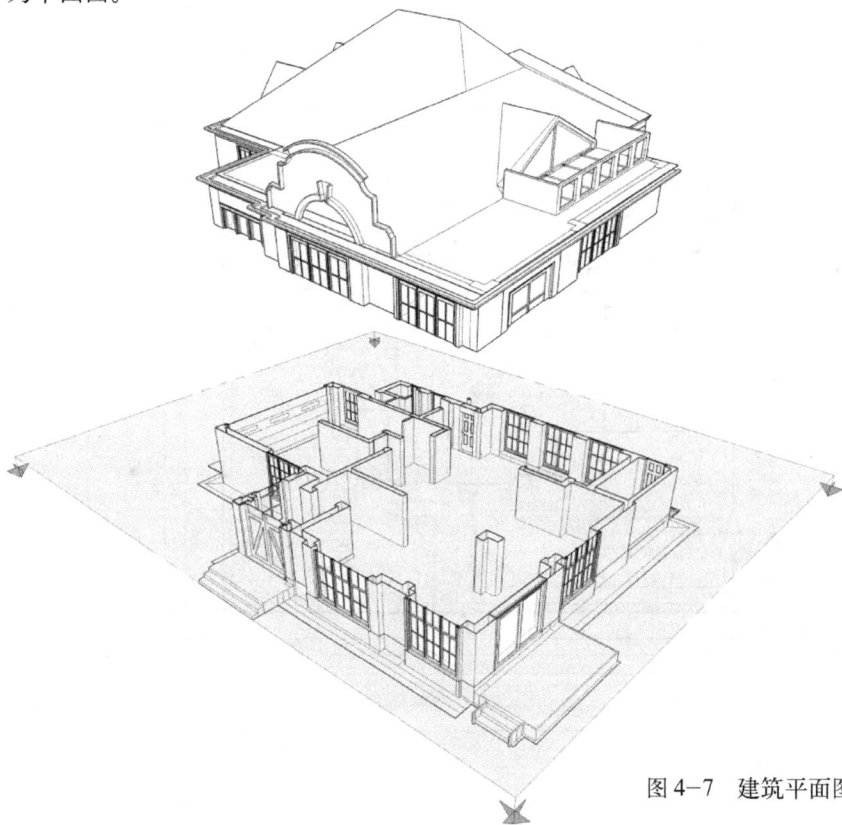

图4-7 建筑平面图的形成

建筑在地面上最底层的平面图称底层平面图,或称一层平面图;中间层平面图是过该层门窗洞口的水平剖切面与其下一层过门窗洞口的水平剖切面之间一段的水平投影,当中间各层布局完全相同时,可用一个平面图来代表,这个平面图就叫标准层平面图,而当中间有些楼层平面局部不相同时,则只需画出该局部的平面图;顶层平面图也是过顶层门窗洞口的水平剖切面与下一层过门窗洞口的水平剖切面之间一段的水平投影。

建筑各层平面图皆有其各自所需表达的内容。底层平面图除画出建筑底层的投影内容外,还应画出与建筑相关的散水、明沟、台阶、花台,以及雨水管的示意等内容;二层平面图除画出二层的投影内容外,还应画出过底层门窗洞口的水平剖切面以上的屋檐、雨篷、遮阳等内容,而在底层门窗洞口的水平剖切面以下的部分,如散水、明沟、台阶、花台等则无需画出;依此类推,画以上各层都是如此。最后在表示屋顶平面图时,没有突出屋面的房屋,直接作水平投影的屋顶平面;当有突出屋面的房屋,如上屋面的楼梯间,此时依前述方法表示,即剖到楼梯间,同时画出看到的屋面,另外再画出此楼梯间的屋面图。

4.4.2 平面图的内容和作用

平面图所表达的内容可基本归纳为三大部分:

1. 平面图样

(1) 用粗实线和规定的图例表示剖切到的建筑实体的断面,如墙体、柱子、门窗、楼梯等。

(2) 用细实线表示剖视方向(即向下)所见的建筑构、配件,如室内楼地面、明沟、卫生洁具、台面、踏步、窗台等。有时楼层平面还应表示室外的阳台、下层的雨篷和局部屋面。底层平面图则应同时表示相邻的室外柱廊、平台、散水、台阶、坡道、花坛等。如需表示高窗、天窗上部孔洞、地沟等不可见的部件,以及机房内的设备时,可用细虚线表示。

2. 定位与定量

(1) 定位轴线:以横、竖两个方向的墙体轴线形成平面定位网格。

(2) 标注尺寸:其中标注建筑实体或配件大小的尺寸为定量尺寸,如墙厚、柱子断面、台面的长宽、地沟宽度、门窗宽度、建筑物外包总尺寸等;而标注上述建筑实体或配件位置的尺寸则为定位尺寸,如墙与墙的轴线间距、墙身轴线与两侧墙皮的距离、地沟内壁距墙皮或轴线的距离、拖布盆与墙面的距离等。

(3) 竖向标高:楼面、地面、高窗及墙身留洞高度等需加注标高,用以控制其垂直定位。

3．标示与索引

(1) 标示：图样名称、比例、房间名称、指北针、车位示意等。

(2) 索引：门窗编号、放大平面和剖面及详图的索引等。

在施工过程中，建筑的放线、砌筑墙体、安装门窗、内部的装修以及编制概预算等都要依据平面图，平面图是建筑施工图的主要图纸之一。

4.4.3 平面图的阅读

图 4-9 为某别墅的底层平面图(也称一层平面图)，由图可见建筑的外墙厚度为 370mm(习惯上称 37 墙)，其他的内墙厚度均为 240mm(称 24 墙)。37 墙的定位轴线以偏外 250mm 靠内 120mm 表示；24 墙的定位轴线均与砖墙中心线相重合。

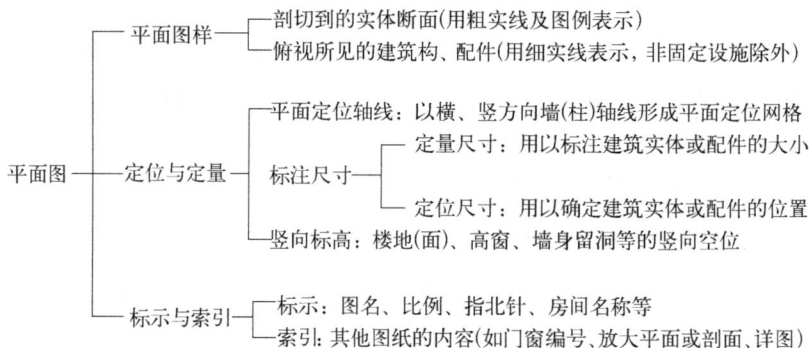

图 4-8 平面图的形成

别墅一层平面图所涵盖的内容：

1) 表示了该建筑底层平面形状，底层各房间的形状、使用功能名称，建筑的各出入口，楼梯、电梯的位置，各种门窗的布置，厨房、厕所内设备的布置，外墙周围散水和雨水管位置等。

2) 标明了定位轴线、轴号、建筑外部三道尺寸线。

3) 标明了局部的定位尺寸，如：室内隔墙、内墙上的洞口、墙垛相对轴线的尺寸，室外台阶、平台相对轴线的尺寸。

4) 表示了建筑室内外地坪的完成面标高。室内主要用房地坪标高为 ±0.000，卫生间地坪标高为 -0.020，车库地坪标高为 -0.150，室外地坪标高为 -0.450。

5) 各种门窗的编号的注明。

6) 指北针、剖面图剖切符号等注明。

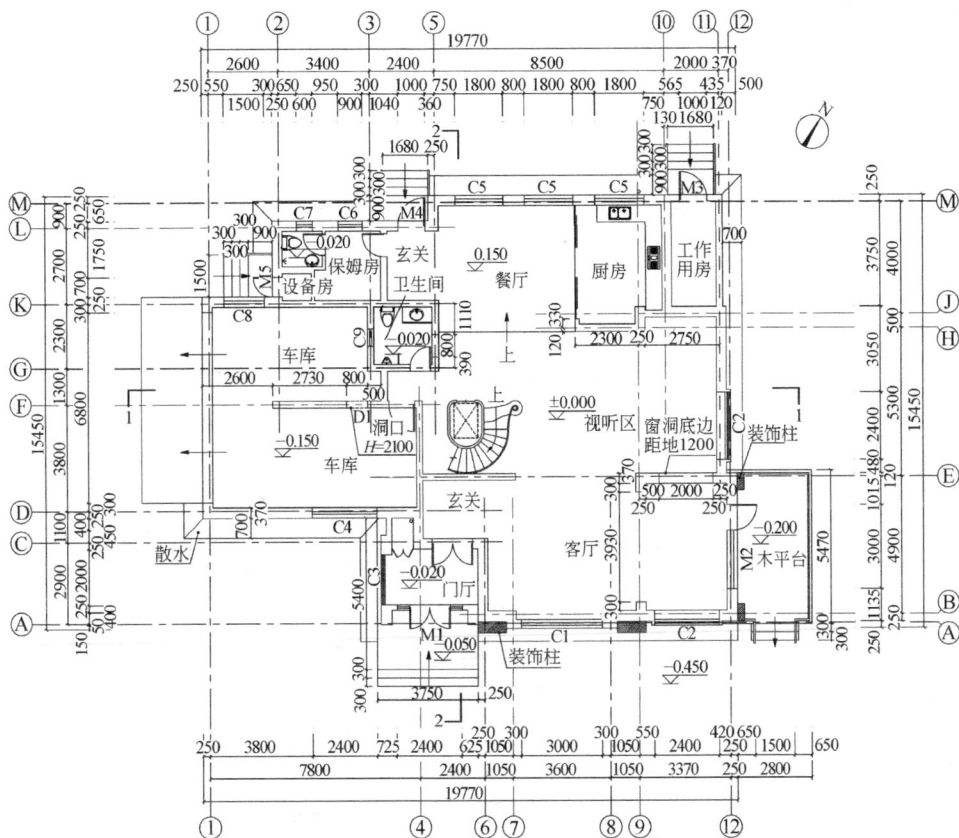

图 4-9　一层平面图 1∶100

别墅二层平面图(图 4-10)所涵盖的内容:

1) 表示了二层平面形状,二层各房间的形状、名称,楼梯、电梯的位置,各种门窗的布置,厕所内设备的布置,所能看到的底层车库及工作用房的坡屋面。

2) 标明了定位轴线、轴号、建筑外部三道尺寸线。

3) 标明了局部的定位尺寸,如:室内隔墙、内墙上的门洞、墙垛相对轴线的尺寸。

4) 表示了二层主要用房地坪标高为 3.700,由此可知底层的层高为 3.7m;二层卫生间地坪标高为 3.680。

5) 各种门窗的编号的注明。

别墅三层平面图图 4-11 所涵盖的内容:

1) 表示了顶层平面形状(因为是坡屋面,人能使用的室内空间相对较少,以距楼面 1m 水平剖切绘制该层平面投影图),顶层各房间的形状、名称,楼梯、电梯的位置,

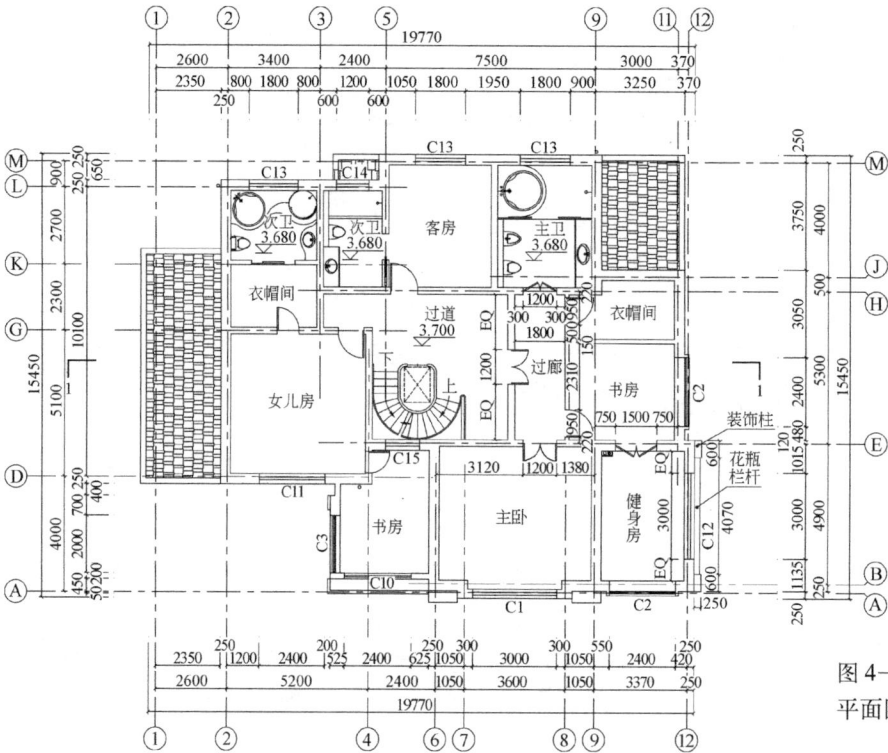

图 4-10 二层平面图 1:100

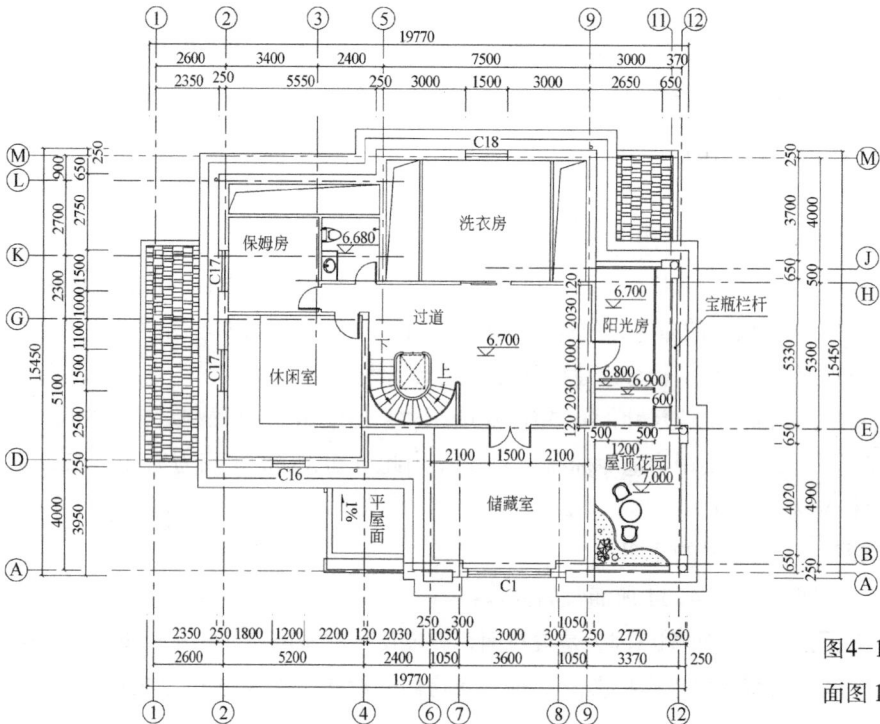

图 4-11 三层平面图 1:100

各种门窗的布置，厕所内设备的布置，屋顶花园的布置，所能看到的二层局部平屋面。

2) 标明了定位轴线、轴号、建筑外部三道尺寸线。

3) 标明了局部的定位尺寸，如：室内隔墙、内墙上的门洞、墙垛相对轴线的尺寸。

4) 表示了顶层地坪标高为6.700，由此可知二层的层高为3m，顶层卫生间地坪标高为6.680，阳光房与屋顶花园的标高关系。

5) 各种门窗的编号的注明。

别墅屋顶平面图(图4-12)所涵盖的内容：

1) 表示了坡屋顶平面的形状、阳光房顶棚平面、屋顶花园平面。

2) 表示了坡屋面无组织排水和屋檐天沟有组织排水的情况以及雨水管示意。

3) 标明了主要定位轴线、轴号、尺寸线。

4) 表示了坡屋面各部位标高。

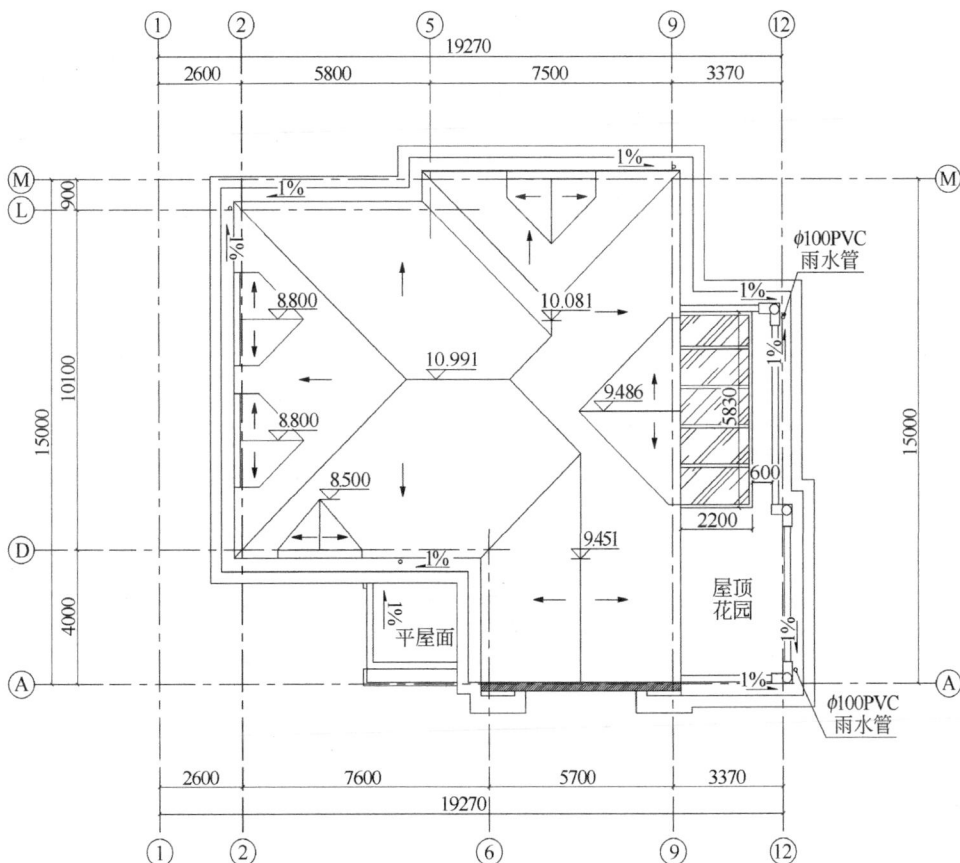

图4-12 屋顶平面图 1：100

4.4.4 平面图的绘制步骤

绘制步骤见图4-13(*a*)、(*b*)、(*c*)、(*d*)。

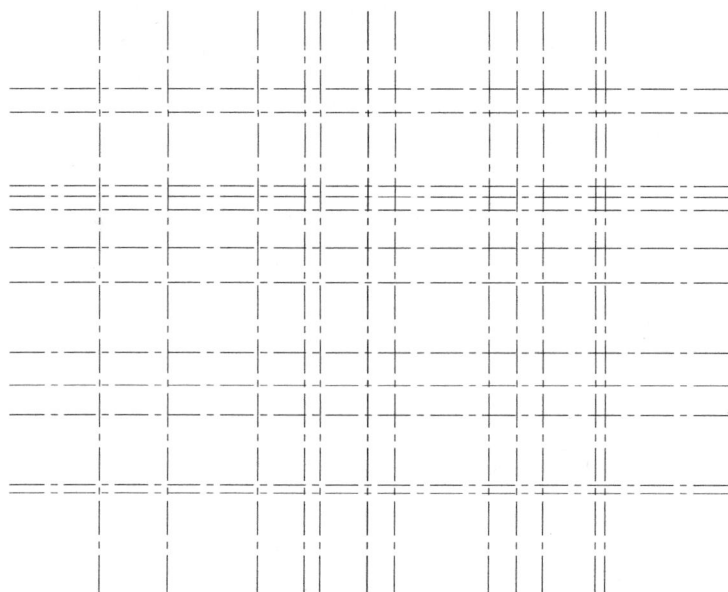

(*a*)

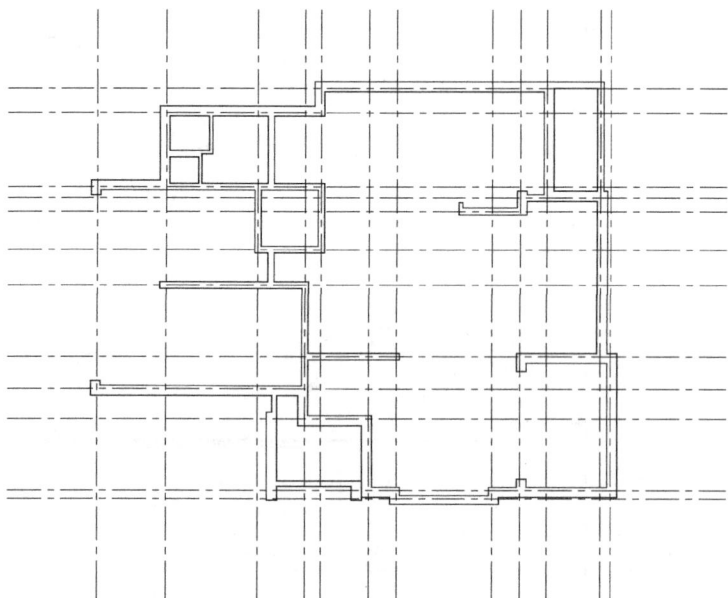

(*b*)

图4-13 平面图的绘制步骤(一)

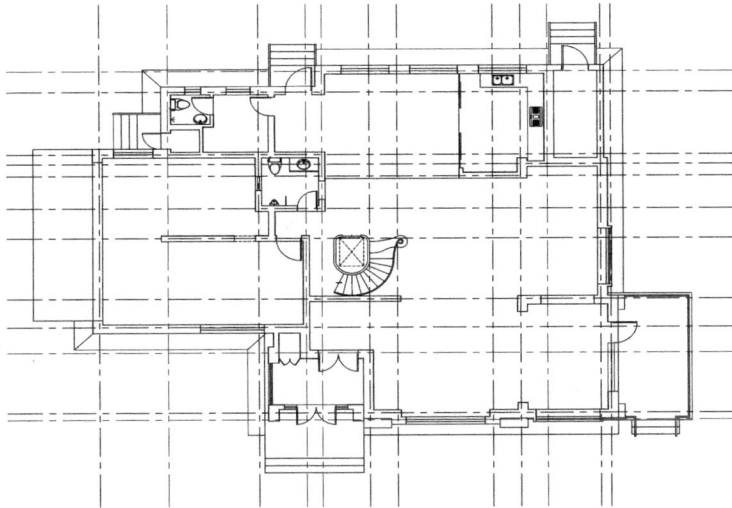

(c)

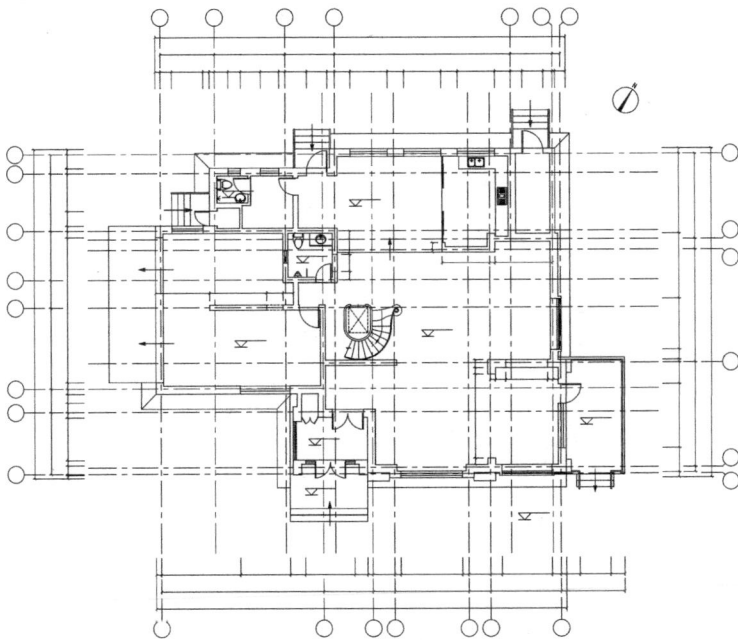

(d)

图4-13 平面图的绘制步骤(一)

4.5 建筑立面图

4.5.1 立面图的形成、名称及图示方法

将建筑的各外墙面分别向与其平行的投影面进行正投影，所得到的投影图就叫立面图，见图4-14。

立面图反映了建筑的外貌特征，通常将反映建筑主要出入口或较显著地反映建筑特征的那个立面图，称为正立面图，以此为准，其余外墙面的投影分别称为背立面图、左侧立面图、右侧立面图；也可用建筑外墙面的朝向来命名，如东立面图、西立面图、南立面图、北立面图等；还可用轴线来表示建筑的各外墙立面，国家制图标准规定：有定位轴线的建筑物，宜根据两端定位轴线号编注立面图名称，如：①—④立面图、Ⓐ-Ⓓ立面图等。

在建筑立面图的表示中，应视建筑不同的平面形状、外墙上具体表示的不同内容，用不同的方法来表示，如平面形状曲折的建筑物，可绘制展开立面图；圆形或多边形平面的建筑物，可分段展开绘制立面图，但均应在图名后加注"展开"二字。

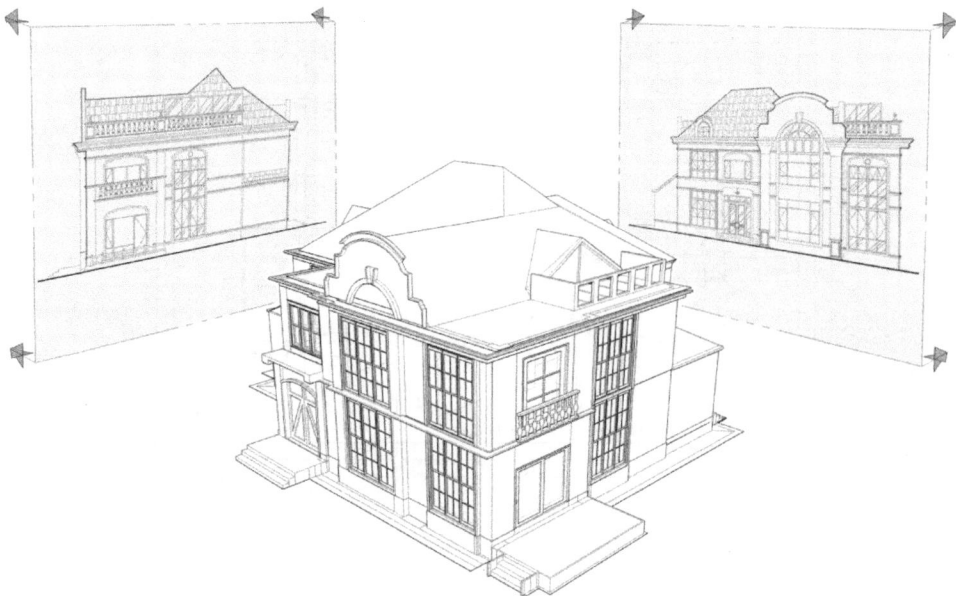

图4-14 立面图的形成

4.5.2 立面图的内容和作用

立面图所表达的内容也可基本归纳为三大部分：

1. 立面图样

(1) 用粗实线表示建筑的外轮廓线。

(2) 用细实线表示所见的建筑构、配件，如女儿墙、檐口、柱、变形缝、室外楼梯和垂直爬梯、室外空调机搁板、阳台、栏杆、台阶、坡道、花台、雨篷、烟囱、勒脚、门窗、幕墙、洞口、门头、雨水管以及其他装饰构件、线脚和粉刷分格线等。

2. 定位与定量

(1) 关键处标高：屋面檐口或女儿墙、室外地面、主入口。

(2) 标注尺寸：装饰构件、线脚的尺寸和标高，分格缝的间距，留洞的位置和大小。

3. 标示与索引

(1) 标示：两端轴线、图名、比例等。

(2) 索引：构造详图索引、饰面用料等。

4. 立面图中不得加绘阴影和配景(如树木、车辆、人物等)，前后立面重叠时，前者的外轮廓线宜向外侧加粗，以示区别。

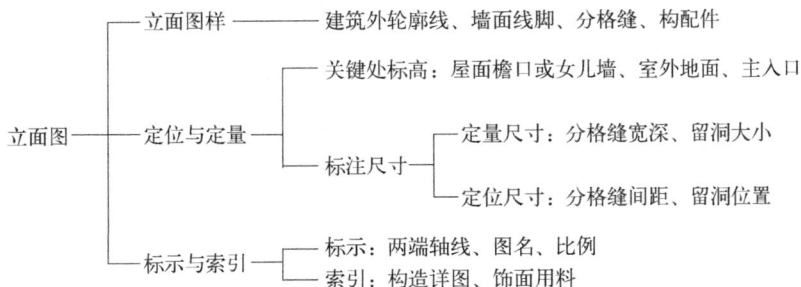

图4-15 立面图的内容构成

4.5.3 立面图的阅读

图4-16为前一节别墅的立面图纸，从该图上可看出该建筑带有欧式的装饰柱及线脚，立面门窗造型较多。整体立面感觉层次丰富。

由前一节已读识的平面图可知，该别墅要分别绘制4个立面图，来反映建筑各个立面形状、大小和各立面上的构配件、装饰的位置、材料等，现以①—⑫立面图为例

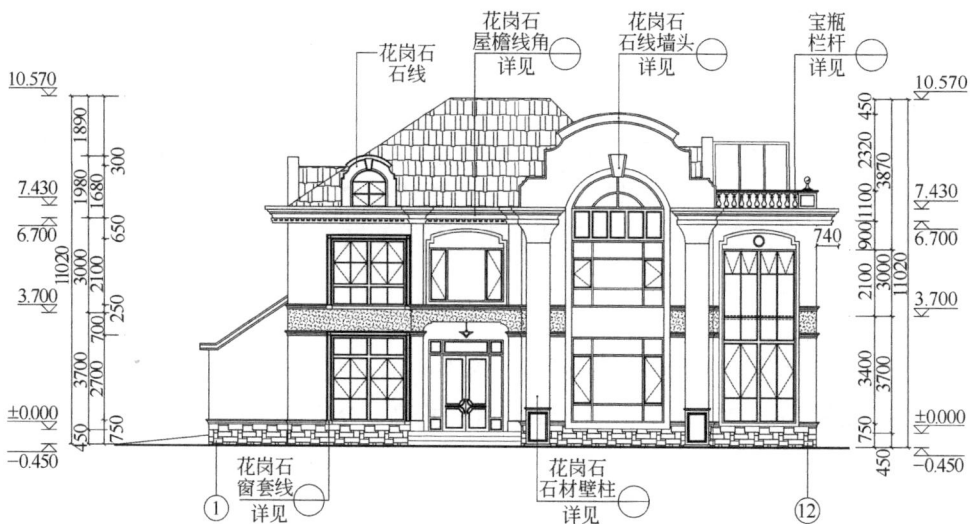

图 4-16　①—⑫ 立面图 1:100

来说明建筑立面图所需表达的内容和图示要求。

别墅①—⑫立面图所涵盖的内容：

1) 标明了建筑两端的轴线为①、⑫，所以图名称为①—⑫立面图。对照一层平面图可知此为南立面，也是该别墅主要正立面。

2) 表示了南立面上的门窗的位置、形式和开启方向以及各门窗的装饰线角。

3) 表现了该建筑的坡屋顶形式，由于屋面有檐沟组织排水，因此，可见墙面上设有雨水管。

4) 注出了室内外地坪、门窗洞口的上下口、屋檐线角以及主要装饰构件的标高。标注标高时，要注意有建筑标高和结构标高之分。除门窗洞口(均不包括粉刷层)外，楼地面、楼梯、阳台的平台、扶手等的上顶面标高时，一般应标注到包括粉刷层在内的装饰完成后的表面的建筑标高。其余部位和构件下底面的标高，应标注不包括粉刷层在内的结构面的结构标高(如梁底、雨篷底等的标高)。

5) 标注了外墙面及其他构配件、立面装饰线等的面层用料、色彩的说明。

6) 标注了详图索引符号。

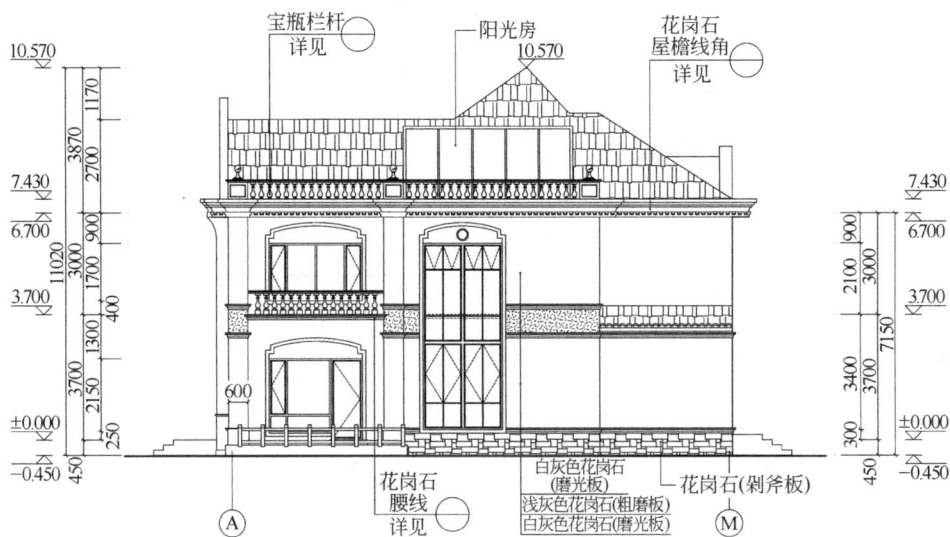

图 4-17 Ⓐ—Ⓜ立面图 1：100

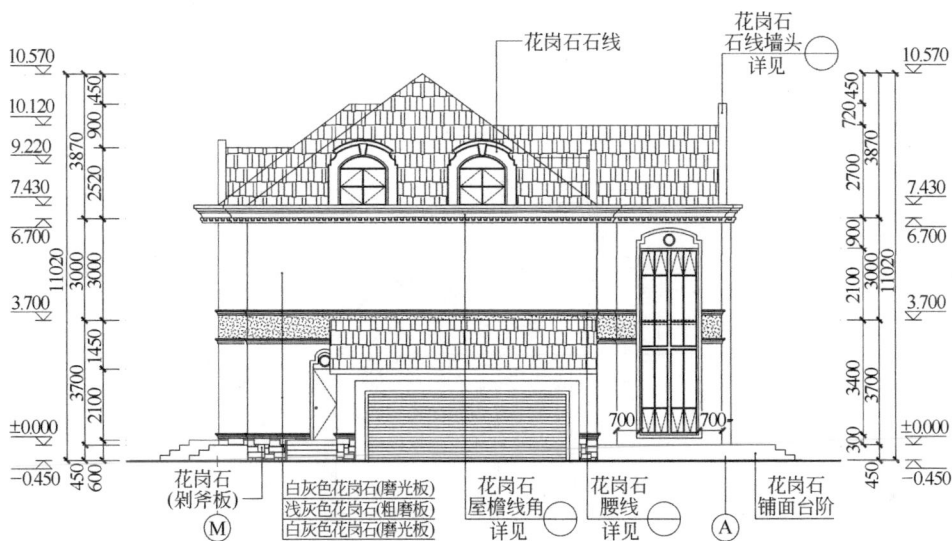

图 4-18 Ⓐ—Ⓜ立面图 1：100

花岗石
窗套线角
详见

花岗石
屋檐线角
详见

10.570

7.430
6.700
3.700
±0.000
−0.450

7.430
6.700
3.700
±0.000

白灰色花岗石(磨光板)
浅灰色花岗石(粗磨板)
白灰色花岗石(磨光板)

花岗石
腰线
详见

新增花
岗石柱
详见

花岗石
(剁斧板)

⑫ ①

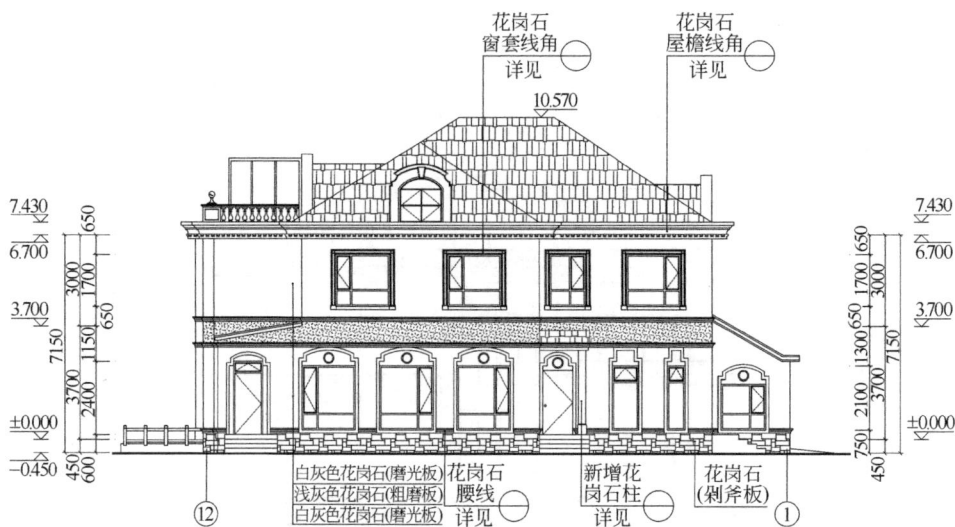

图4-19　Ⓐ—Ⓜ立面图 1∶100

4.5.4　立面图的绘制步骤

绘制步骤见图4-20。

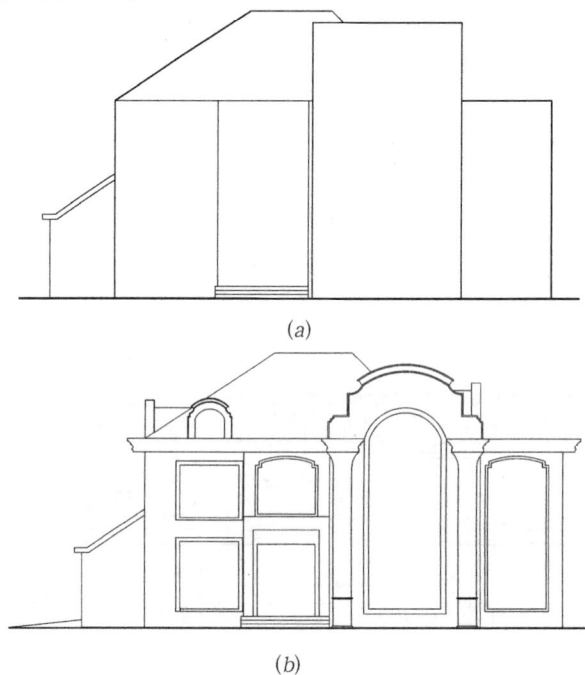

(a)

(b)

图4-20　立面图的绘制步骤(一)

(c)

图4-20 立面图的绘制步骤(二)

4.6 建筑剖面图

4.6.1 剖面图的形成、名称及图示方法

建筑剖视图是房屋的垂直剖视图,用一个假想的平行于房屋某一外墙轴线的铅垂剖切平面,从上到下将房屋剖切开,将需要留下的部分向与剖切平面平行的投影面作正投影,由此得到的图叫建筑剖面图。建筑剖面图应包括房屋基础以上部分的剖切面及投影方向可见的建筑构造以及必要的尺寸、标高等,如图4-21所示。

建筑剖视图是表示建筑物在垂直方向的各部分的尺度和组合。在建筑剖视图中,可以看到建筑物剖切面所在位置的层数和层高,垂直方向建筑空间的组合利用,以及主要结构形式、构造方式或做法等(例如屋顶形式、屋顶坡度、檐口形式、楼板搁置方式、楼梯的形式及其结构、构造方式、内外墙与其他构配件的构造方式等)。

建筑剖视图的尺寸有三道,最内侧的第一道尺寸为门、窗洞及洞间墙相对于楼面的高度尺寸,第二道尺寸为层高尺寸,第三道尺寸为室外地面以上的总高尺寸,图中还根据需要,标注出一些局部尺寸。

标高标注室内外地坪、楼地面、地下层地面、阳台、平台、檐口、门、窗、台阶等。在建筑剖视图中,标高所注的高度位置,一般也是除门窗洞口外,上顶面用建筑标高和下底面用结构标高的方式来标注,与立面图标注的方法是一致的。

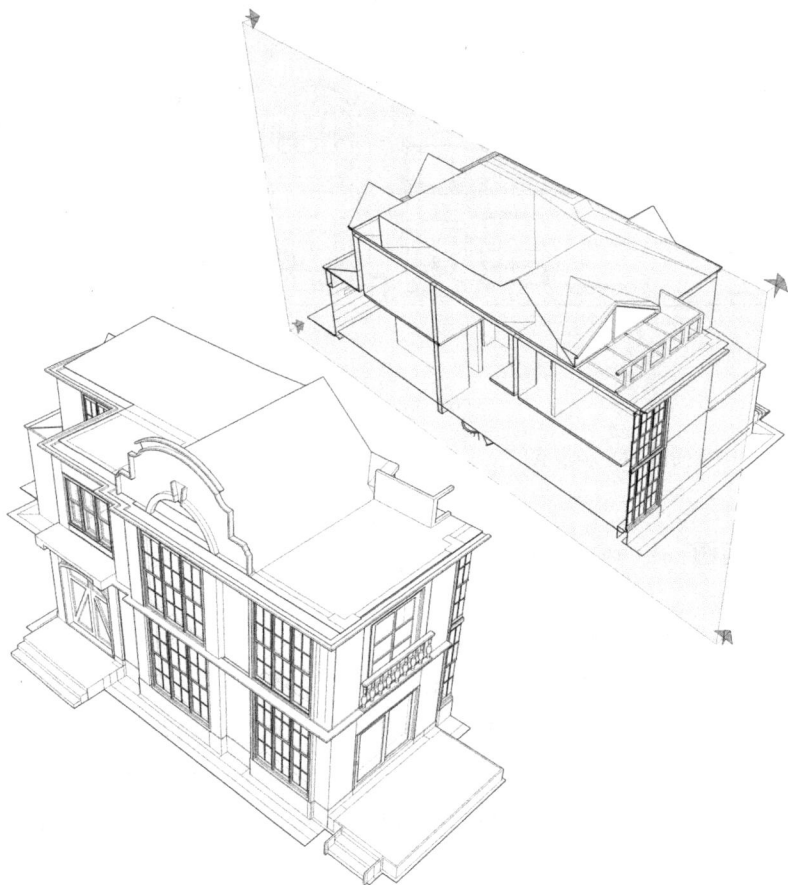

图4-21 剖面图的形成

4.6.2 剖面图的内容和作用

剖面图所表达的内容可基本归纳为三大部分:

1. 剖面图样

(1) 剖面图的剖切部位根据图纸的用途或设计深度,在平面图上选择能反映全貌、构造特征以及有代表性的部位剖切。

(2) 各种剖面图应按直接正投影法绘制。

(3) 用粗实线和图例表示剖切到的建筑实体部分,如室外地面、墙身、楼面、屋面、门窗、楼梯、阳台、雨篷等。

(4) 用细实线画出剖视方向可见的室内外建筑配件的轮廓线,如梁、柱、门窗、洞口、室外花坛、坡道等。有时还应表示同一建筑物另一翼的外立面(其他立面图已表示过的则可不画)。

2．标高与尺寸

(1) 标高：标注主要结构和建筑构造部件的标高，如室内外地面、楼面(含地下层)、屋面板、吊顶、女儿墙、檐口等。

(2) 尺寸：主要是标注高度尺寸。

外部高度尺寸：门窗洞口、女儿墙或檐口高，层间尺寸、室内外高差，总高度(三道尺寸)。

内部高度尺寸：吊顶、洞口、内窗、地沟深度等。

3．标示与索引

(1) 标示：标示两端和高度变化处的轴线、图名、比例等。

(2) 索引：索引节点、构造详图。

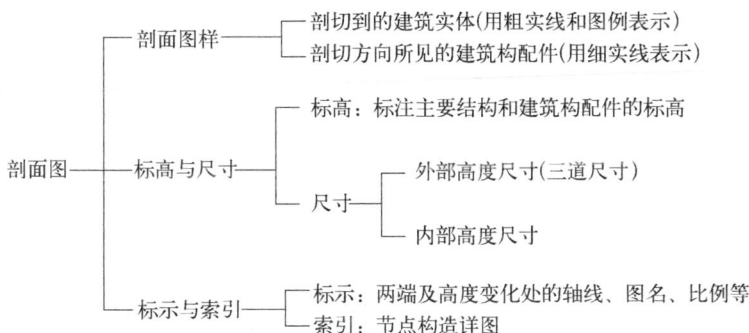

图4-22　剖面图的内容构成

剖视图的剖切部位应在底层平面图中表示出来，一般剖切位置应选择在能反映全貌、构造特征以及有代表性的部位，如选择通过门、窗洞和楼梯以及层高、层数变化较大处，其数量视建筑物的复杂程度和实际情况而定。

4.6.3　剖面图的阅读

图4-23所示为住宅的1-1剖面图，该图剖切位置及投视方向已在平面图4-8，图4-9上标注。从剖面图上看到，该住宅为三层，楼梯为电梯井和旋转楼梯，屋顶为坡屋顶和平屋顶相结合。

4.6.4　剖面图的绘制步骤

绘制步骤见图4-24。

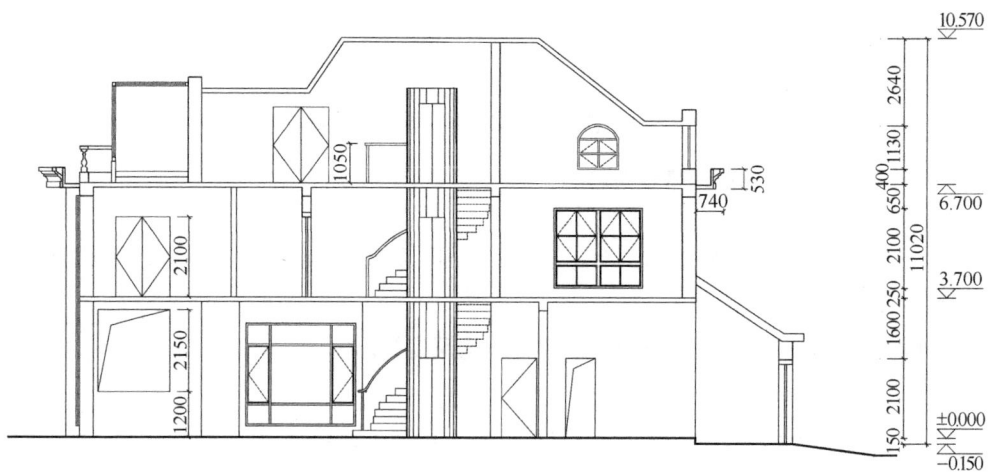

图4-23　1—1剖面图1∶100

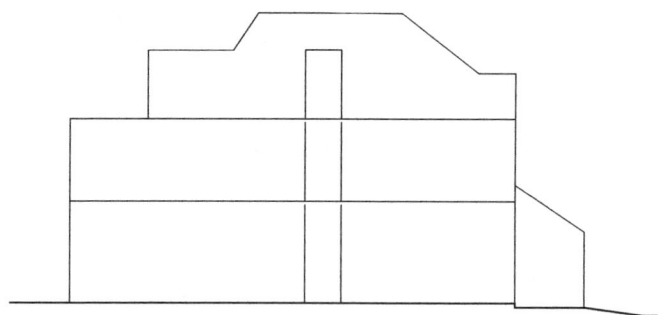

(a)

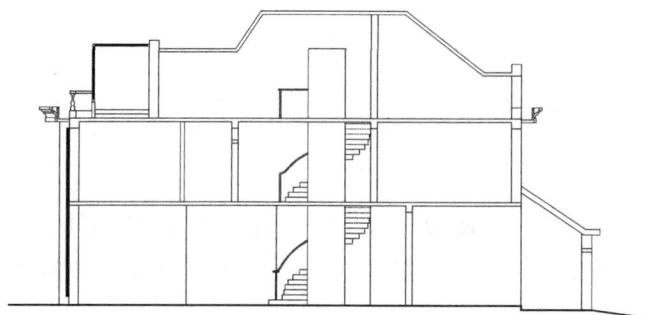

(b)

图4-24　剖面图的绘制步骤(一)

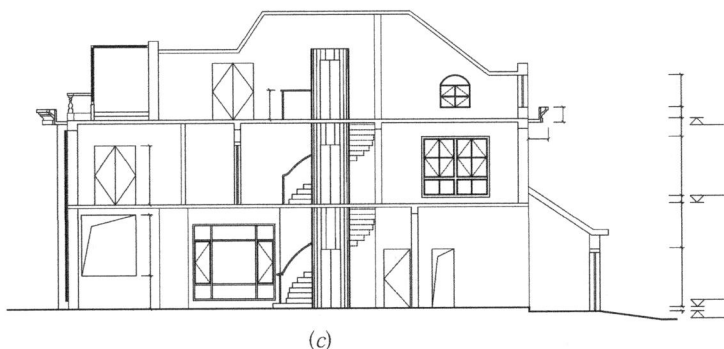

(c)

图 4-24 剖面图的绘制步骤(二)

4.7 建筑详图

4.7.1 详图的概述

建筑详图是建筑细部的施工图,因为建筑平、立、剖面图一般采用较小的比例绘制,因而某些建筑构配件(如门、窗、楼梯、阳台、装饰等)和某些剖面节点(如檐口、窗顶、窗台、明沟等)部位的式样,以及具体的尺寸、做法和用料等都不能在这些图中表达清楚,根据施工需要,必须另绘制比例较大的图样,才能表达清楚,这种图样叫建筑详图。建筑详图可以是平、立、剖面图中某一局部的放大,也可以是某一断面、某一建筑节点或某一构件的放大图。因此,建筑详图是平、立、剖面图的补充。对于套用标准图或用详图的标注构配件和剖面节点,只要注明所套用图集的名称、编号和页次,则可不必再画详图。详图的特点是比例大、尺寸标注齐全、文字说明详尽。

4.7.2 详图的分类

建筑详图按其类型可分为以下三种:

1. 构造详图

指屋面、墙身、墙身内外饰面、吊顶、地面、地沟、地下工程防水、楼梯等建筑部位的用料和构造做法,其中大多数都可直接引用或参见相应的标准图,否则应画节点详图。

2. 配件和设施详图

指门、窗、幕墙、浴厕设施、固定的台、柜、架、牌、桌、椅、池、箱等的用料、形式、尺寸和构造(活动设备不属于建筑设计范围)。门、窗、幕墙只须提供形式、尺寸、材料要求,由专业厂家负责进一步设计、制作和安装。

3．装饰详图

指为美化室内外环境和视觉效果，在建筑物上所作的艺术处理。如花格窗、柱头、壁饰、地面图案的纹样、用材、尺寸和构造等。

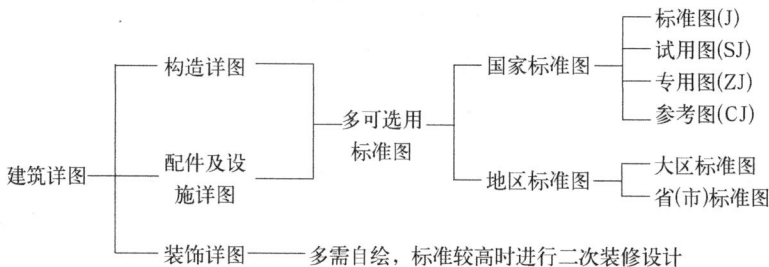

图4-25　详图的内容构成

4.7.3　标准图的选用

在建筑详图的设计中，直接选用标准图(通用图)不仅大大提高设计效率，减少重复性劳动，而且可以避免一定程度的差错。但是，标准图毕竟只能解决一般性量大面广的功能性问题，对于特殊的做法和构造处理，仍需要自行设计非标准的构配件详图。

目前标准图主要有国家和地区两类：

1．国标图《国家建筑标准设计图集》

适用于全国各地，主要针对一般工业及民用建筑，其本身又分四个层次：

(1) 标准图："J"为建筑专业代号，如02J331《地沟及盖板》(J前面的数字为批准年份，后面者为类别和顺序)；

(2) 试用图：编号"S"字打头，如96SJ101《多孔砖墙体建筑构造》；

(3) 专用图：编号"Z"字打头，如01ZJ110-1《瓷面纤维水泥墙板建筑构造》；

(4) 参考图或重复利用图：编号"C"字打头，如04CJ01-1~3《变形缝建筑构造(一)~(三)》。

2．地区标准图：大区者如华北与西北标办合编的88J-；省(市)者如上海市编制的沪J0等。

4.7.4　详图的阅读

1．构造详图

别墅散水详图(见图4-26)

2．楼梯详图

楼梯是建筑中连接上下空间的主要设施，通常采用现浇或预制钢筋混凝土楼梯，也有钢结构、木质等材料建造的。

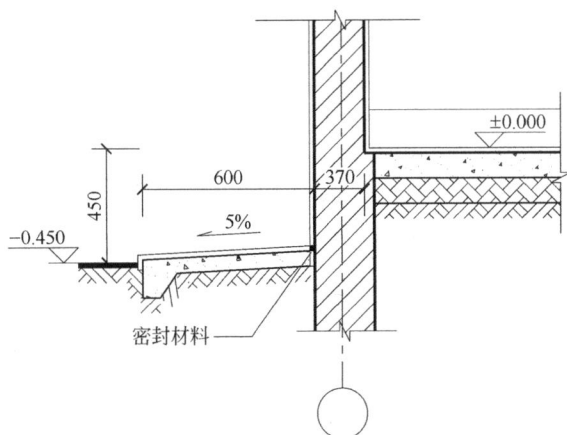

图 4-26　构造详图

(1) 楼梯的组成

楼梯一般由楼梯段、楼梯平台、栏杆扶手等部分组成，见图 4-27、图 4-28。

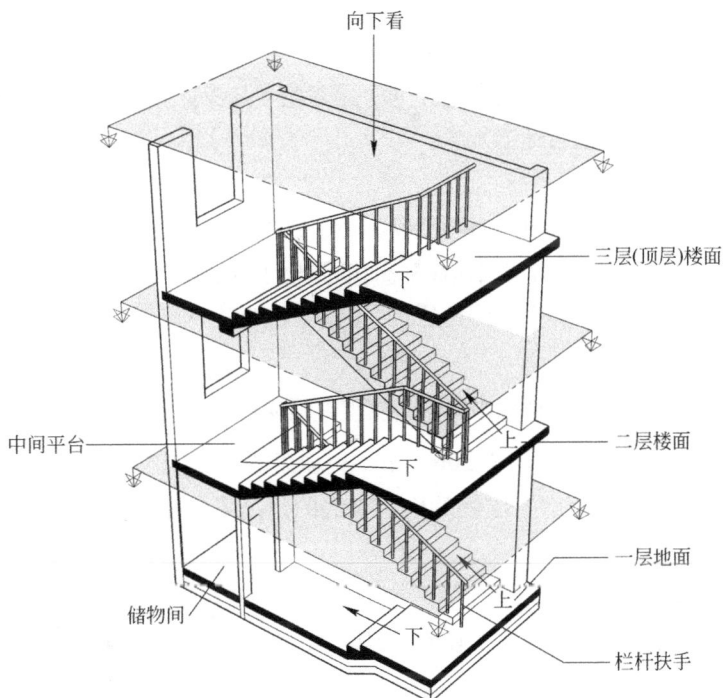

图 4-27　楼梯间的组成

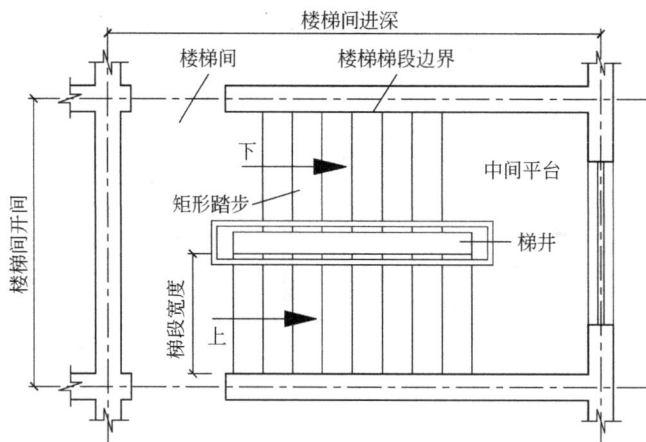

图4-28 楼梯间平面图

1) 楼梯段

楼梯段是用于连接上下两个平台之间的倾斜承重构件，它是由若干个踏步组成的。每个楼梯段的踏步数为了保证安全应不少于3步，为了防止疲劳应不超过18步。

楼梯段的最大坡度不宜超过38度，即：踏步高/踏步宽≤0.7813,供少量人流通行的内部交通楼梯，比值可适当放宽。

2) 楼梯平台

楼梯平台包括楼层平台和中间平台两部分。连接楼板层与梯段端部的水平构件，成为楼层平台，平台面标高与该层楼面标高相同。位于两层楼(地)面之间连接梯段的水平构件，称为中间平台，其主要作用是减少疲劳，故也称休息平台，它也起转换梯段方向的作用。

楼梯中间平台深度≥楼梯梯段宽度

楼梯平台部位的净高不小于2000mm，楼梯段的净高不小于2200mm，楼梯段最底、最高的前缘线与顶部突出物的内边缘线的距离不应小于300mm。如图4-29所示。

3) 楼梯踏步

楼梯踏步(见图4-31)的高度不宜大于210mm，一般不宜小于140mm，各级踏步高度均应相同。

楼梯踏步的宽度一般采用220、240、260、280、300、320mm。

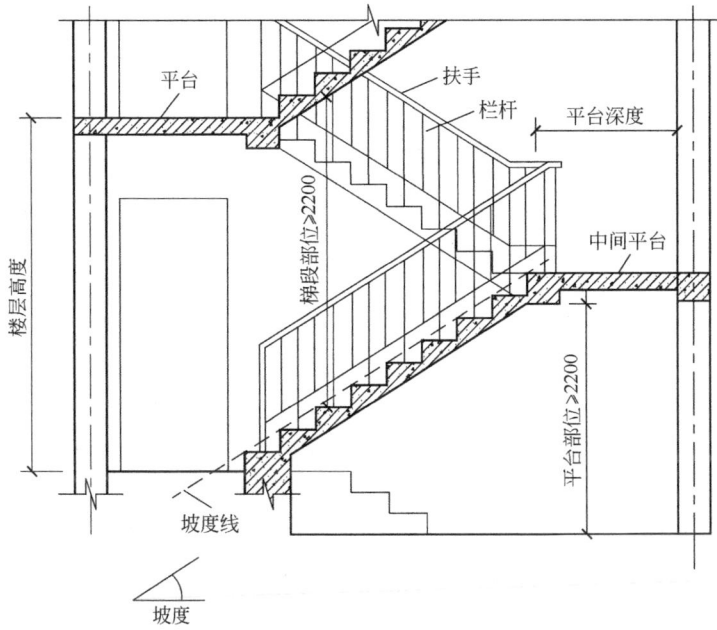

图 4-29 楼梯间剖面

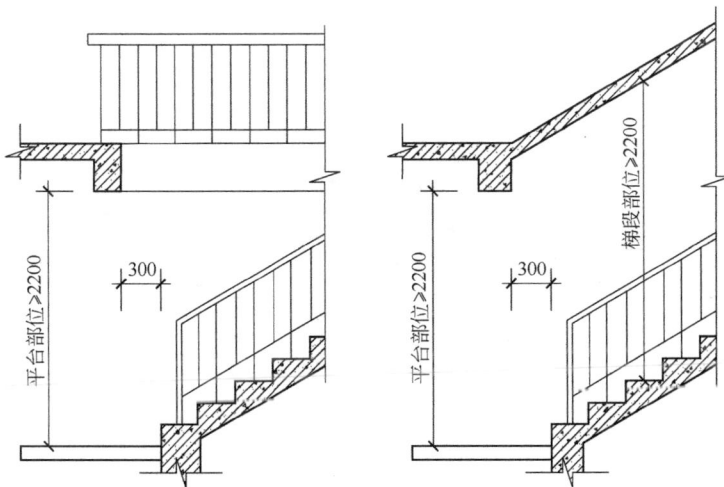

图 4-30 楼梯部分剖面

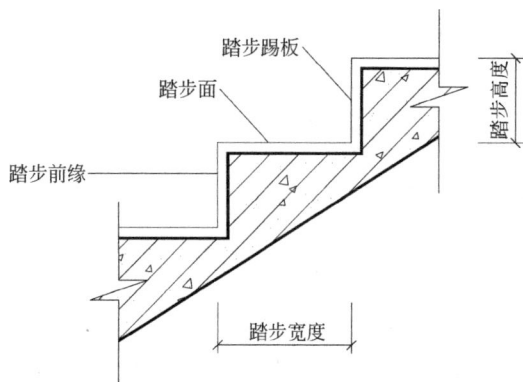

图 4-31 楼梯踏步剖面

4) 栏杆扶手

栏杆是布置在楼梯梯段和平台边缘处有一定刚度和安全度的围护构件。扶手附设于栏杆顶部，供作依扶用。扶手也可附设于墙上，称为靠墙扶手。

(2) 楼梯的类型

按形式分，楼梯有单跑式(直跑式)、双跑式、多跑式、剪刀式、交叉式、圆形、弧形楼梯等，见图 4-32。

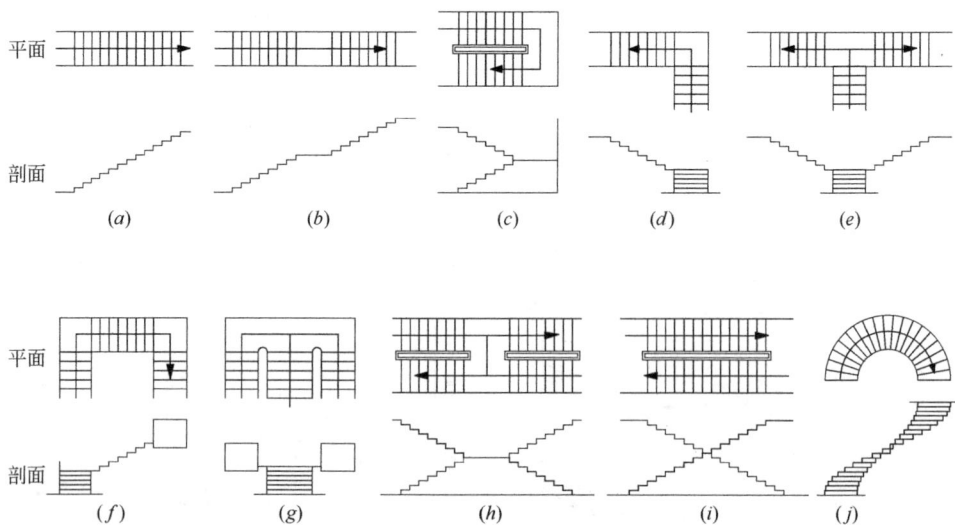

图 4-32 常用楼梯的形式

(a)单梯段直跑；(b)双梯段直跑；(c)双跑并列；(d)曲尺形折角；(e)双向折角；
(f)三折；(g)双跑双分；(h)剪刀；(i)交叉；(j)弧形

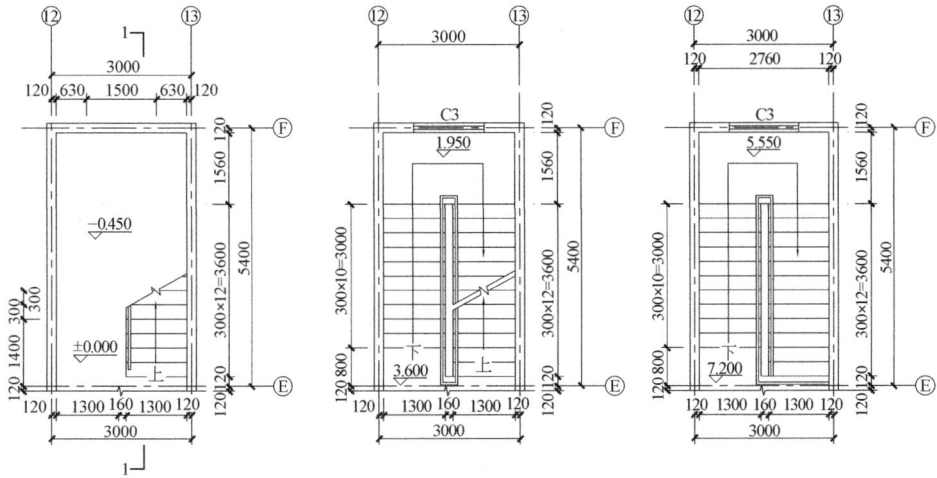

楼梯一层平面　　　　楼梯标准层平面　　　　楼梯顶层平面

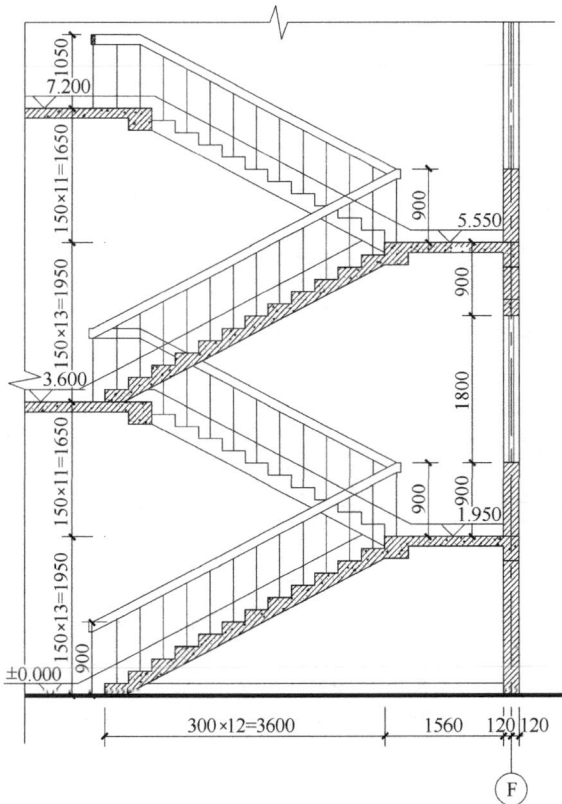

图 4-33　1—1 剖面图

（3）楼梯平面图

楼梯平面图是从本层地面或楼面与本层的中间休息平台板之间的门窗洞口处，做水平剖切得到的正投影图，其主要表示出梯段的水平投影长度、宽度、各级踏步的宽度、栏杆扶手的位置以及材料和做法，另外，在图上要用箭头表示上、下行的方向，并标注梯段的水平投影长度：

$$(梯段上的踏步数-1)\times踏面宽度=梯段的水平投影长度$$

（4）楼梯剖面图

楼梯剖面图是按底层楼梯平面图中1—1剖切位置及其剖视方向画出的，其主要表示出各梯段的踏步级数、每级踏步的踏面宽度和踢面高度、楼梯与各层平台及楼面之间的关系，并注明梯段的高度：

$$梯段上的踏步数\times踢面高度=梯段的高度$$

（5）楼梯大样图读图见图4-33。

3．装饰详图

（1）窗框的花岗石装饰线脚详图（见图4-34）

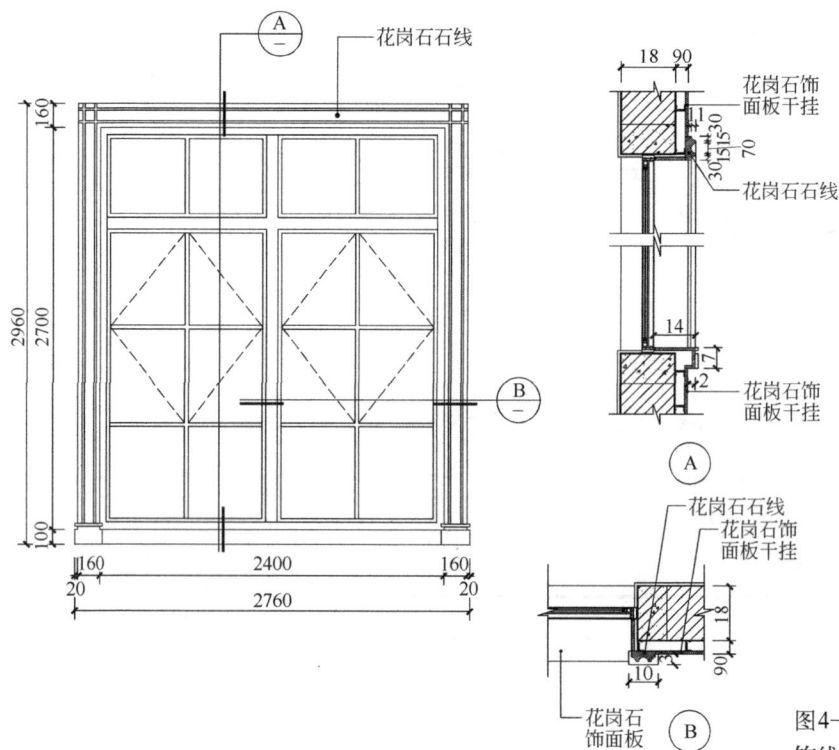

图4-34 窗框装饰线脚详图

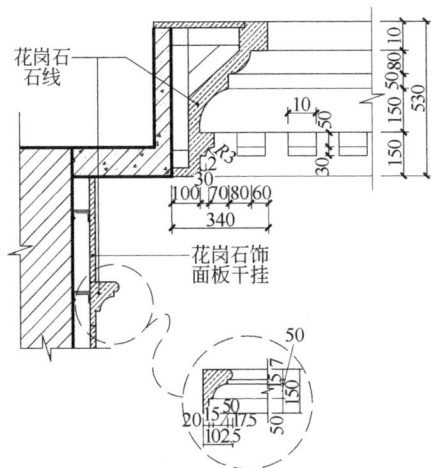

图4-35 线脚节点详图

(2) 屋檐线脚及墙身腰线的节点详图

图4-35为别墅屋檐一圈的花岗石装饰线以及墙身腰饰线脚的节点详图,表示了详细的尺寸和挂贴墙身的做法。

4.8 门窗表

4.8.1 门窗大样图

(1) 门窗大样图主要用以表达对厂家的制作要求,同时也供土建施工和安装之用。门窗详图应当按类别集中顺号绘制,以便不同的厂家分别进行制作,例如:木门窗与铝合金门窗是由两个厂家分别加工的。

(2) 常用的门窗框料有:木材、铝合金、塑钢、彩色钢板、实腹钢门窗料。

(3) 门窗高度和宽度方向均应标注三道尺寸,即洞口尺寸、制作总尺寸与安装尺寸、分樘尺寸。弧形窗或转折窗应标注展开尺寸,并画出平面示意图,注出半径或分段尺寸。

(4) 门窗的设计编号建议按功能、材质或特征分类编排,以便于分别加工和增减樘数。常用门窗的类别代号列举如下:

1) 门

木门-MM,钢门-GM,塑钢门-SGM,铝合金门-LM,

卷帘门-JM,防盗门-FDM,

防火门-FM$_{甲(乙、丙)}$,防火卷帘门-FJM,

人防门-RFM(防护密闭门),RMM(密闭门),RHM(防爆活门)。

2) 窗

木窗 –MC，钢窗 –GC，铝合金窗 –LC，

木百叶窗 –MBC，钢百叶窗 –GBC，铝合金百叶窗 –LBC，

塑钢窗 –SGC，防火窗 –FC_{甲(乙、丙)}，

全玻无框窗 –QBC。

3) 幕墙 –MQ

4.8.2　门窗表

门窗表是建筑施工图中所有门窗的汇总与索引，目的在于方便土建施工和厂家制作。

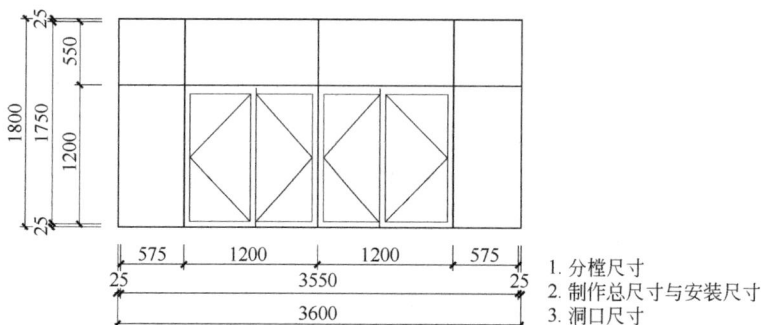

1. 分樘尺寸
2. 制作总尺寸与安装尺寸
3. 洞口尺寸

图 4-36　窗尺寸图

门窗大样图 表 4-7

1	编　　号	M1	C4
2	名　　称	塑钢门	塑钢窗
3	洞口尺寸/数量	(高×宽)2900×2400/1 樘	(高×宽)2700×2400/1 樘
4	形　　式		
5	门樘/窗樘	塑钢	塑钢
6	门扇/窗扇	玻璃	玻璃

门 窗 表   表4-8

类　　别	设计编号	洞口尺寸(mm)		樘　数	采用标准图集及编号		备　　注
		宽	高				
门							
窗							

注：采用非标准图集的门窗应绘制门窗立面图及开启方式。

第5章
室内工程制图

在我国，室内设计作为一门独立性的学科形成较晚，因此各种标准，包括装饰设计的各种标准至今没有编制。目前，我国的室内装饰设计的制图方法大部分是套用《建筑制图标准》(GB/T 50104—2001)。同时，我国香港、台湾地区以及美国、日本等国家的装饰设计制图的方法也影响着我国的装饰设计制图方法。

室内设计作为建筑设计的延续和再创造，它在表现内容和方法上有着自身的特点，因此，目前的土木建筑制图标准无法涵盖装饰设计需要表现的全部内容。概括地讲，建筑设计图样主要表现建筑建造中所需的技术内容，而室内装饰设计图样则主要表现建筑建造完成后的室内环境所需要进一步完善、改造的技术内容。了解这种区别对于提高装饰工程制图与识图水平是很有必要的。

5.1 基本知识

5.1.1 室内工程图内容

室内设计表现内容中的平面图、顶面图、立面图和详图即室内装饰施工图(工程图)是设计者进行室内设计表达的深化阶段及最终阶段，更是指导室内装饰施工的重要依据。

室内装饰施工图属于建筑装饰设计范围，在图样标题栏的图别中简称"装施"或"饰施"。

5.1.2 室内工程图电脑制图

目前我国应用最广泛的制图手段是利用AUTOCAD等软件进行室内工程图的绘制，这使得工程图的绘制具有了高效、易修改、利于交流的优点。初学电脑用来工程制图的同学应该注意几点，希望对大家能有所借鉴，从中能吸取一二，养成良好的绘图习惯、提高绘图速度。

我们进行工程设计，不管是什么专业、什么阶段，实际上都是要将某些设计思想或者是设计内容，表达、反映到设计文件上。图纸，就是一种直观、准确、醒目、易于交流的表达形式。

所以，我们完成的东西(不管是最终完成的设计文件，还是作为条件提交给其他专业的过程文件)，一定需要能够很好地帮助我们表达自己的设计思想、设计内容。有了这个前提，我们就应该明白，好的图纸应该具有以下两个特征：清晰、准确。这就需要我们在制图过程中，能够做到清晰、准确、高效。

(1) 图层的设置(Layer)

图层设置的原则

第一，图层在够用的基础上越少越好。

第二，0层上是不可以用来画图的，那0层是用来做什么的呢？是用来定义块的。

第三，图层颜色的定义。图层的颜色定义要注意两点：一是不同的图层一般来说要用不同的颜色；二是颜色的选择应该根据打印时线宽的粗细来选择。

第四，线形和线宽的设置。常用的线形有三种，一是 Continous 实线，二是 ACAD_IS002W100 点画线，三是 ACAD_IS004W100 虚线。

35 的粗线，这样就丰富了。打印出来的图纸，一眼看上去，也就能够根据线的粗细来区分不同类型的图元，什么地方是墙，什么地方是门窗，什么地方是标注。

(2) 标注的设置(Dimstyle)

这里我们按 1∶100 比例出图作为例子来说明。

直线和箭头：所有颜色和线宽的选择均为 Bylayer，箭头大小 150，其他几个数据一般在 100~200。

文字：文字高度 350，文字位置在尺寸线垂直上方，水平方向为置中，从尺寸线偏移 60。

(3) 单位的设置(Units)

单位设置的选项中，很多人喜欢在长度的精度选项上选用0，即是以个位来作为单位。对这点，我建议改为小数点后 3~4 位，因为准确是 AUTOCAD 使用的三大基本点之一。

在每次画图前都进行以上的定义，比较麻烦，所以 AUTOCAD 公司给我们提供了一个非常好的办法，就是 dwt 模版。每次在新建一张图纸的时候，CAD 软件都会让我们打开一张 dwt 模版文件，默认的是 acad.dwt。而我们在创建好自己的一套习惯设置后，就可以建立自己的模版文件，以保存所有的设置和定义。方法为：在保存文件时，选择另存为，然后在文件类型中选择 dwt 就可以了。

5.1.3 室内工程图线型设置

了解和掌握室内工程图的线型设置，不仅是绘制图纸的需要，同时可以看懂别人的图纸。

各专业不同，对线型要求略有不同，为了让学生清晰明确了解室内设计对线型基本要求，而列出如下线型图。

线 型 图　　　　　　　　表5-1

名 称	线 型	主 要 用 途
粗实线	——	1. 平、剖面图中被剖切的主要建筑构造(包括构配件)的轮廓线。 2. 室内立面图的外轮廓线。 3. 建筑装饰构造详图中被剖切的主要部分的轮廓线
中实线	—	1. 平、剖面图中被剖切的次要建筑构造(包括构配件)的轮廓线。 2. 室内平面、顶平面、立面、剖面图中建筑构配件的轮廓线。 3. 建筑装饰构造详图及构配件详图中一般轮廓线
细实线	—	小于粗实线一半线宽的图形线、尺寸线、尺寸界限、图例线、索引符号、标高符号等
中虚线	- - -	1. 建筑构造及建筑装饰构配件不可见的轮廓线。 2. 室内外平面图中的上层夹层投影轮廓线。 3. 拟扩建的建筑轮廓线。 4. 室内平面、顶平面图中未剖切到的主要轮廓线
细虚线	- - -	图例线、小于粗实线一半线宽的不可见轮廓线
点画线	—·—·—	中心线、对称线、定位轴线
折断线	—/—	不需画全的断开界限
双点画线	—··—··—	1. 不需画全的断开界限。 2. 构造层次的断开界限

5.2 室内平面图

5.2.1 平面布置图

1) 假设平行于地面，有个水平平面剖切了房间，详细表达出该部分剖切线以下的平面空间布置内容及关系。

2) 表达出隔墙、固定家具、固定构件、活动家具、窗帘等。

3) 表达出各空间详细的功能内容、文字注释。

4) 表达出活动家具及陈设品图例，可以表达出电脑、电话等。

5) 注明装修地坪的标高，这里的标高为相对标高。

6) 注明本部分的建筑轴号及轴线尺寸。

7) 以虚线表达出在剖切位置线之上的，需强调的立面内容。

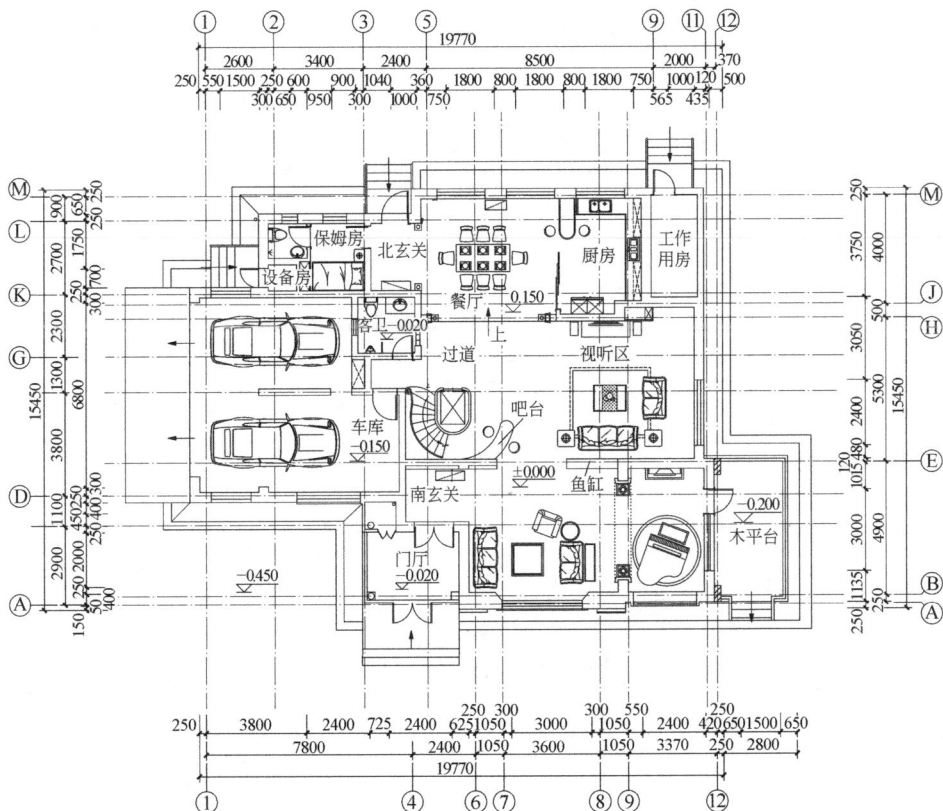

图 5-1　一层平面布置图 1:100

下面仍以第 4 章的别墅案例作为室内工程图部分的案例。

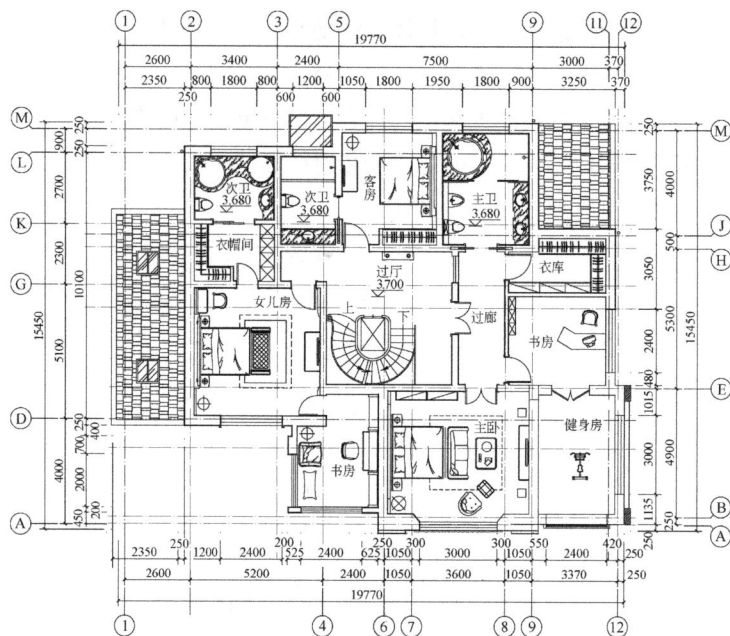

图 5-2　二层平面布置图 1 : 100

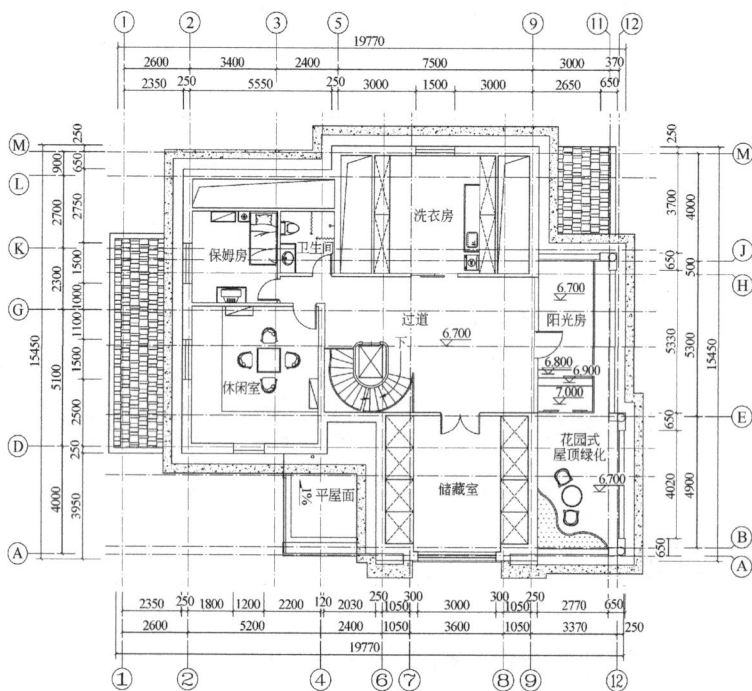

图 5-3　三层平面布置图 1 : 100

5.2.2 立面索引图

1) 详细表达出剖切线以下的平面空间布置内容及关系。

2) 表达出隔墙、隔断、固定构件、固定家具、窗帘等。

3) 详细表达出各立面、剖立面的索引号和剖切号, 表达出平面中需要被索引部分的详图号。

4) 表达出地坪的标高关系。

5) 注明轴号及轴线尺寸。

6) 不表示任何活动家具、灯具、陈设品等。

7) 以虚线表达出在剖切位置向上的、较重要的立面内容。

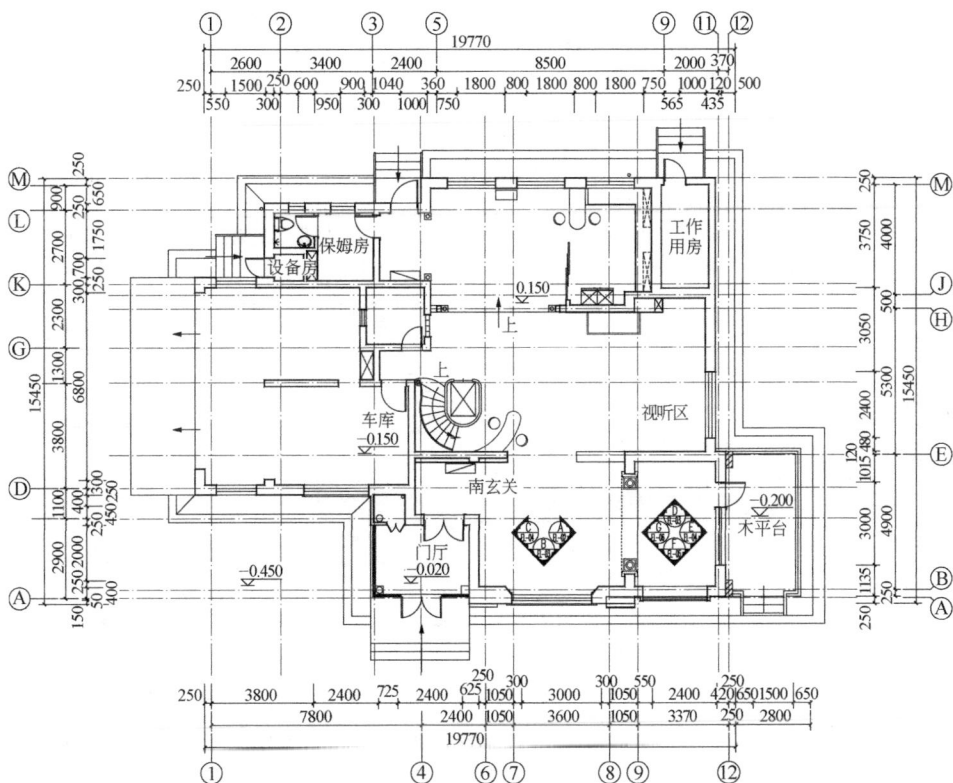

图5-4 一层立面索引图 1:100

5.2.3 地面材料图

1）表达出该部分地坪界面的空间内容及关系。

2）表达出地坪材料的规格、材料编号及施工图。

3）如果地面有其他埋地式的设备则需要表达出来，如埋地灯、暗藏光源、地插座等。

4）地坪如有标高上的落差，需要节点剖切，则需要表达出剖切的节点索引号。

5）如有需要，表达出地坪材料拼花或大样索引号。

6）如有需要，表达出地坪装修所需的构造节点索引。

7）注明地坪相对标高。

8）注明轴号及轴线尺寸。

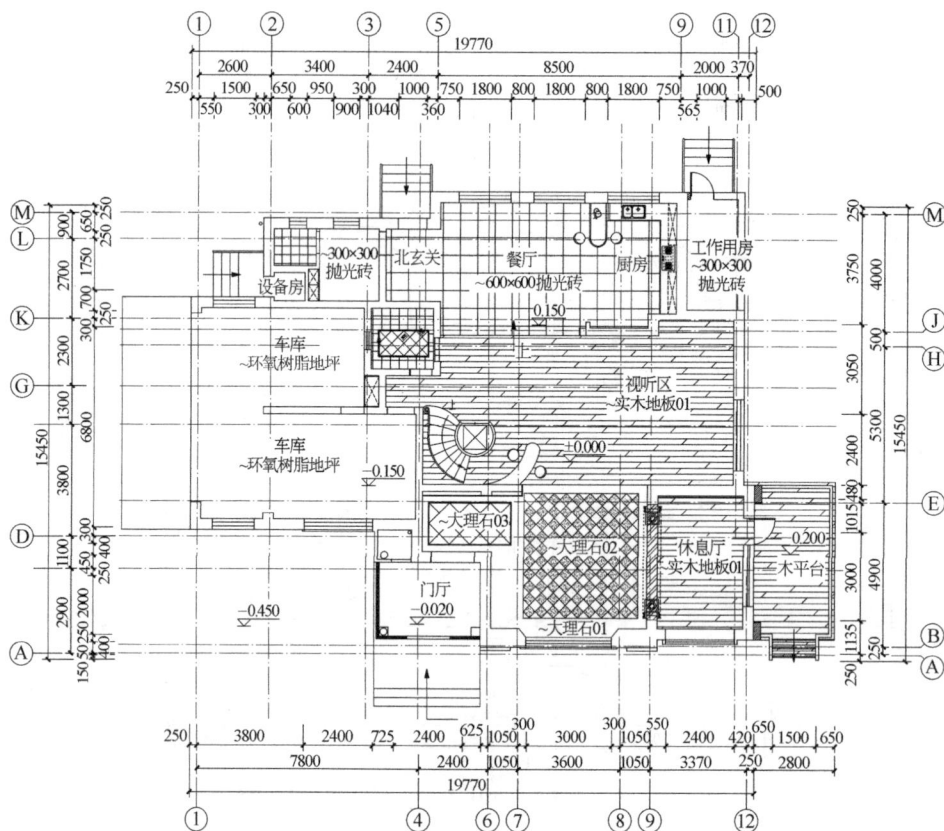

图5-5 一层地面材料图1∶100

5.2.4 平面陈设品布置图

1) 表达出该部分剖切线以下的平面空间布置内容及关系。

2) 详细表达出陈设品的位置、平面造型及图例。

3) 如绘制有陈设立面图则需要在平面上表达出索引号。

4) 详细表达出各陈设品的名称及尺寸。

5) 表达出地坪上的陈设品(如工艺毯)的位置、尺寸及名称。

6) 注明地坪标高关系。

7) 标注轴号及轴线尺寸。

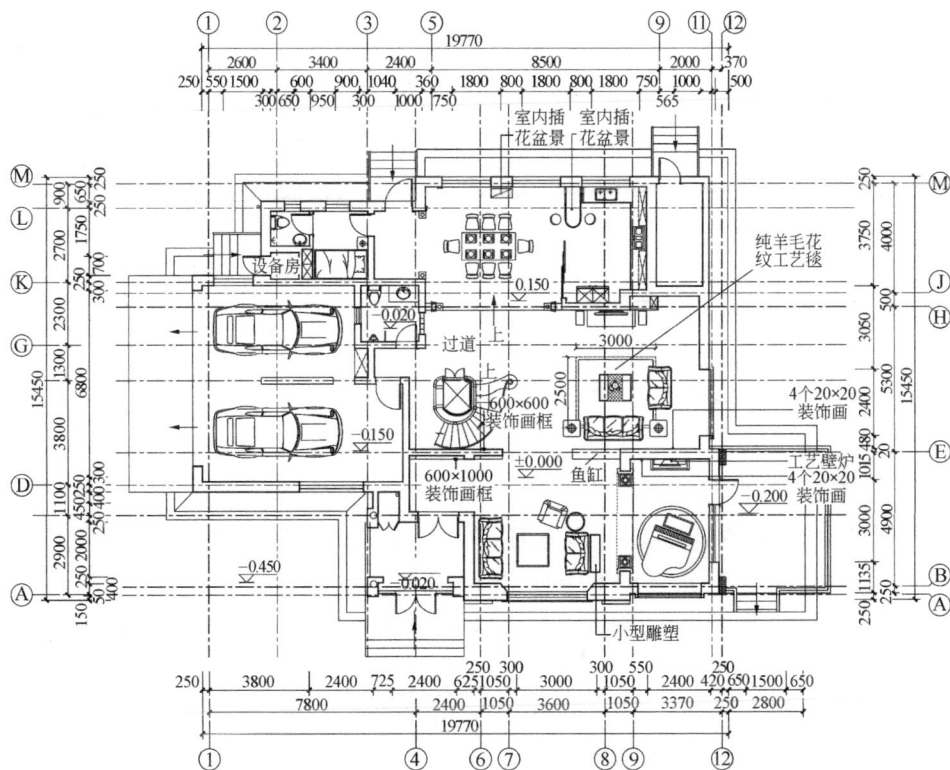

图 5-6 一层陈设品布置图 1:100

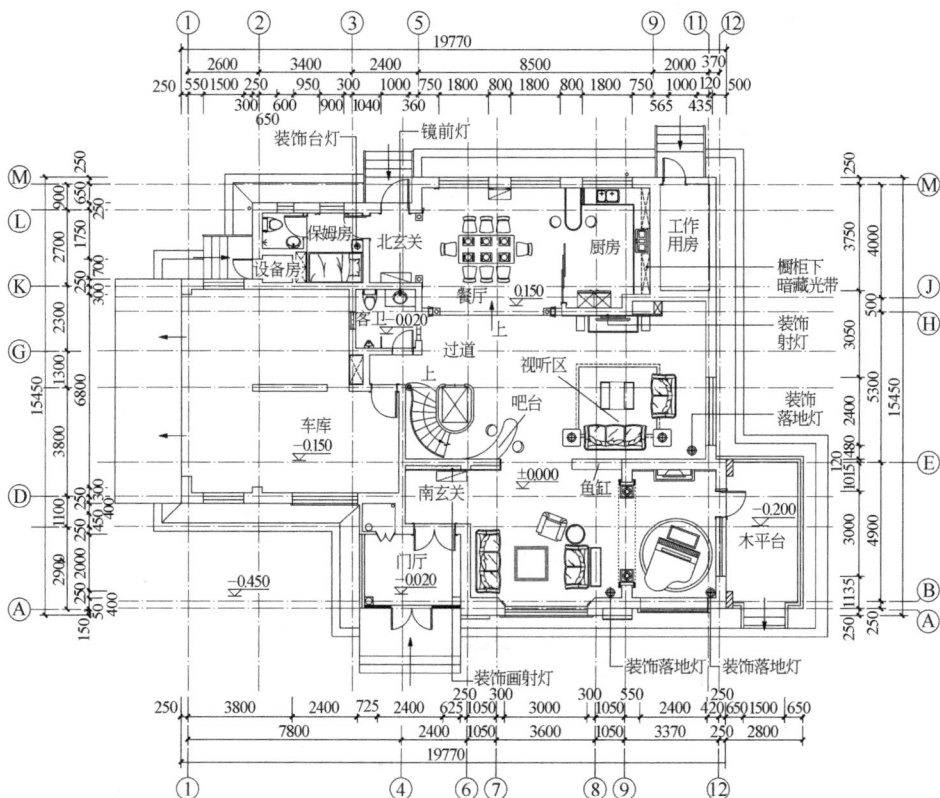

图5-7 一层平面灯位布置图 1:100

5.2.5 平面灯具布置图

平面灯具布置图内容是指平面及立面上的灯具，需要注意与顶面灯具区分开来。

1) 表达出该部分剖切线以下的平面空间布置内容及关系。

2) 表达出在平面中的每一款灯光和灯饰的位置及图形。

3) 表达出立面中各类壁灯、画灯、镜前灯的平面投影位置。

4) 表达出暗藏于平面、地面、家具及装修中的光源。

5) 表达出地坪上的地埋灯及踏步灯。

6) 注明地坪标高关系。

7) 标注轴号及轴线尺寸。

5.3 室内顶面图

5.3.1 顶面布置图

1）表达出剖切线以上的建筑与室内空间的造型及其关系。

2）表达出平顶上该部分的灯具图例及其他装饰物(不注尺寸)。

3）表达出窗帘及窗帘盒。

4）表达出门、窗洞口的位置(无门窗表达)。

5）表达出风口、烟感、温感、喷淋、广播、检修口等设备安装(不注尺寸)。

6）表达出平顶的标高关系。

7）表达出轴号及轴线关系。

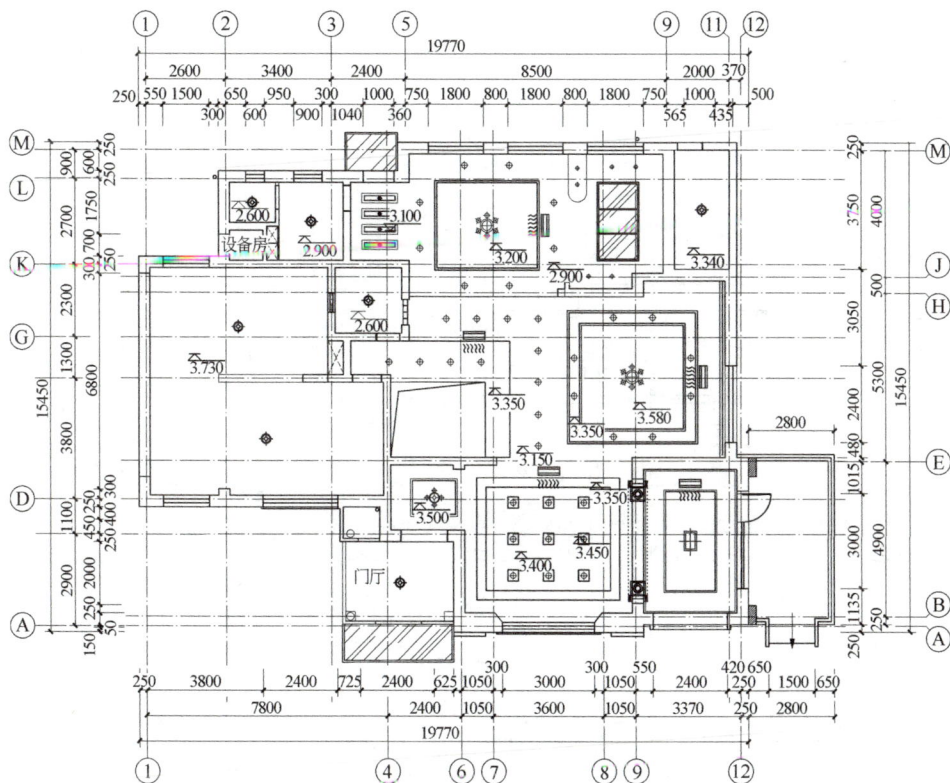

图 5-8   一层顶面布置图 1：100

5.3.2 顶面装修尺寸图

1) 表达出该部分剖切线以上的建筑与室内空间的造型及关系。

2) 表达出详细的装修、安装尺寸。

3) 表达出平顶的灯具图例及其他装饰物,注明尺寸以及距离墙体的尺寸,用来为灯具定位。

4) 表达出窗帘、窗帘盒及窗帘轨道。

5) 表达出门、窗洞口的位置。

6) 表达出风口、烟感、温感、喷淋、广播、检修口等设备安装(需标注尺寸)。

7) 表达出平顶的装修材料及造型排列图样。

8) 表达出平顶的标高关系。

9) 表达出轴号及轴线关系。

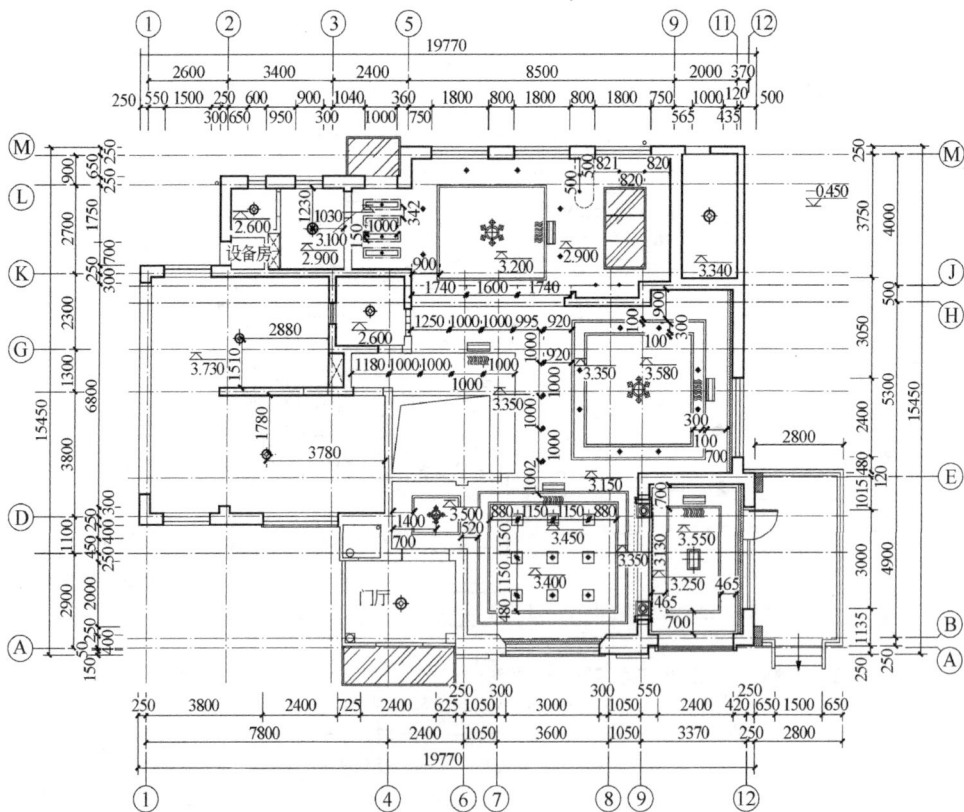

图5-9 一层顶面装修尺寸图 1:100

5.4 室内立面图

5.4.1 概念

室内立面图也称为剖立面图，它的准确定义是在室内设计中，平行于某空间立面方向，假设有一个竖直平面从顶至地将该空间剖切后所得到的正投影图。

位于剖切线上的物体均表达出被切的断面图形式(一般为墙体及顶棚、楼板)，位于剖切线后的物体以界立面形式表示。

立面图是表现室内墙面装饰装修及墙面布置的图样，除了画出固定墙面装修外，还可以画出墙面上可灵活移动的装饰品，以及地面上陈设家具等设施。它形成的实质是某一方向墙面的正视图。一般立面图应在平面图中利用视向图标指明装修立面方向。

5.4.2 立面图的命名

对于立面图的命名，平面图中无轴线标注时，可按视向命名，在平面图中标注所视方向，如 A 立面图；另外也可按平面图中轴线编号命名，如 Ⓑ～Ⓓ 立面图等。

5.4.3 装修立面图(剖立面图)图纸内容

1) 表达出被剖切后的建筑及装修的断面形式(墙体、门洞、窗洞、抬高地坪、装修内包含空间、吊顶背后的内含空间……

2) 表达出在投视方向未被剖切到的可见装修内容和固定家具、灯具造型及其他。

3) 表达出施工尺寸及标高。

4) 表达出节点剖切索引号、大样索引号。

5) 表达出装修材料的编号及说明。

6) 表达出该立面的轴号、轴线尺寸。

7) 若没有单独的陈设立面图，则在本图上表示出活动家具、灯具等立面造型(以虚线绘制主要可见轮廓线)，如有需要可以表示出这些内容的索引编号。

8) 表达出该立面的立面图号及图名。

5.4.4 常用比例

室内立面图常用的比例是 1：50、1：30，在这个比例范围内，基本可以清晰地表达出室内立面上的形体。如有详细解释图形的需要，可在立面图上引出更小比例的详图。

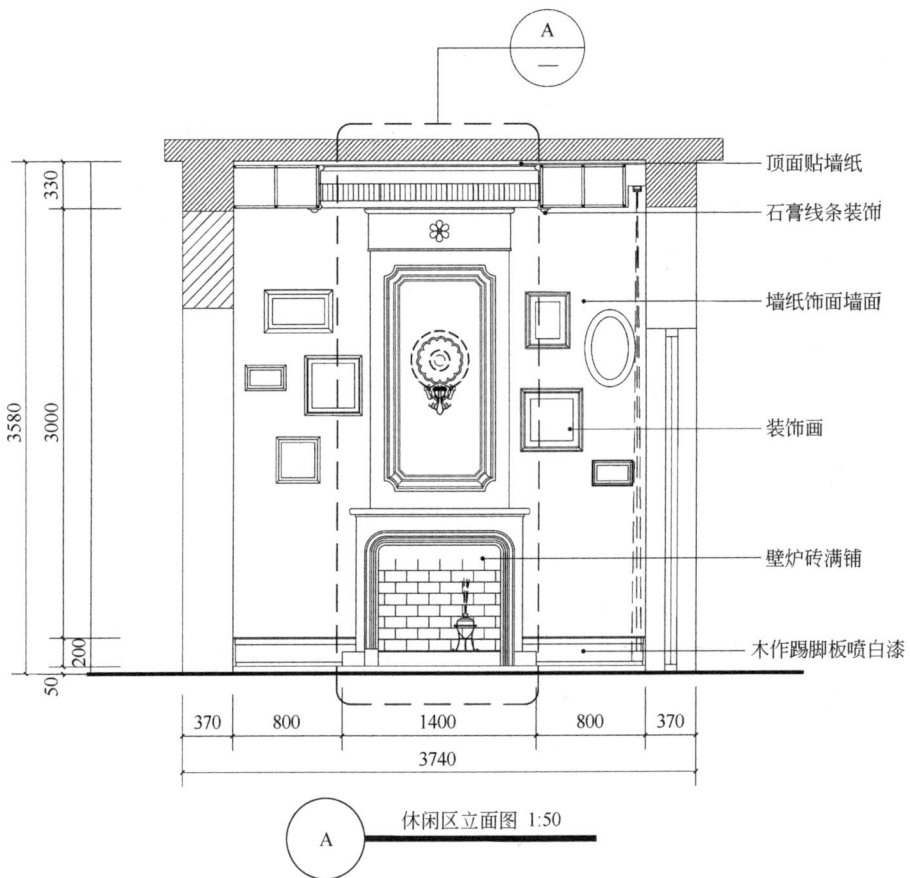

图 5-10　别墅室内立面图

5.5　室内详图

5.5.1　概念

详图指局部详细图样，由大样图、节点图和断面图三部分组成。

大样图：局部放大比例的图样。

节点图：反映某局部的施工构造切面图。

断面图：由剖立面、立面图中引出的至上而下贯穿整个剖切线与被剖物体交得的图形。

5.5.2 大样图

1) 局部详细的大比例样图。

2) 注明详细尺寸。

3) 注明所需的节点剖切索引号。

4) 注明具体的材料编号及说明。

5) 注明详图号及比例。

比例：1∶1、1∶2、1∶5、1∶10。

5.5.3 节点图

1) 详细表达出被切截面从结构体至面饰层的施工构造连接方法及相互关系。

2) 表达出紧固件、连接件的具体图形与实际比例尺度(如膨胀螺栓等)。

3) 表达出详细的面饰层造型与材料编号及说明。

4) 表示出各断面构造内的材料图例、编号、说明及工艺要求。

5) 表达出详细的施工尺寸。

6) 注明有关施工所需的要求。

7) 表达出墙体粉刷线及墙体材质图例。

8) 注明节点详图号及比例。

比例：1∶1、1∶2、1∶5、1∶10。

5.5.4 断面图

1) 表达出由顶至地连贯的被剖截面造型。

2) 表达出由结构至表饰层的施工构造方法及连接关系(如断面龙骨)。

3) 从断面图中引出需进一步放大表达的节点详图，并有索引编号。

4) 表达出结构体、断面构造层及饰面层的材料图例、编号及说明。

5) 表达出断面图所需的尺寸深度。

6) 注明有关施工所需的要求。

7) 注明断面图号及比例。

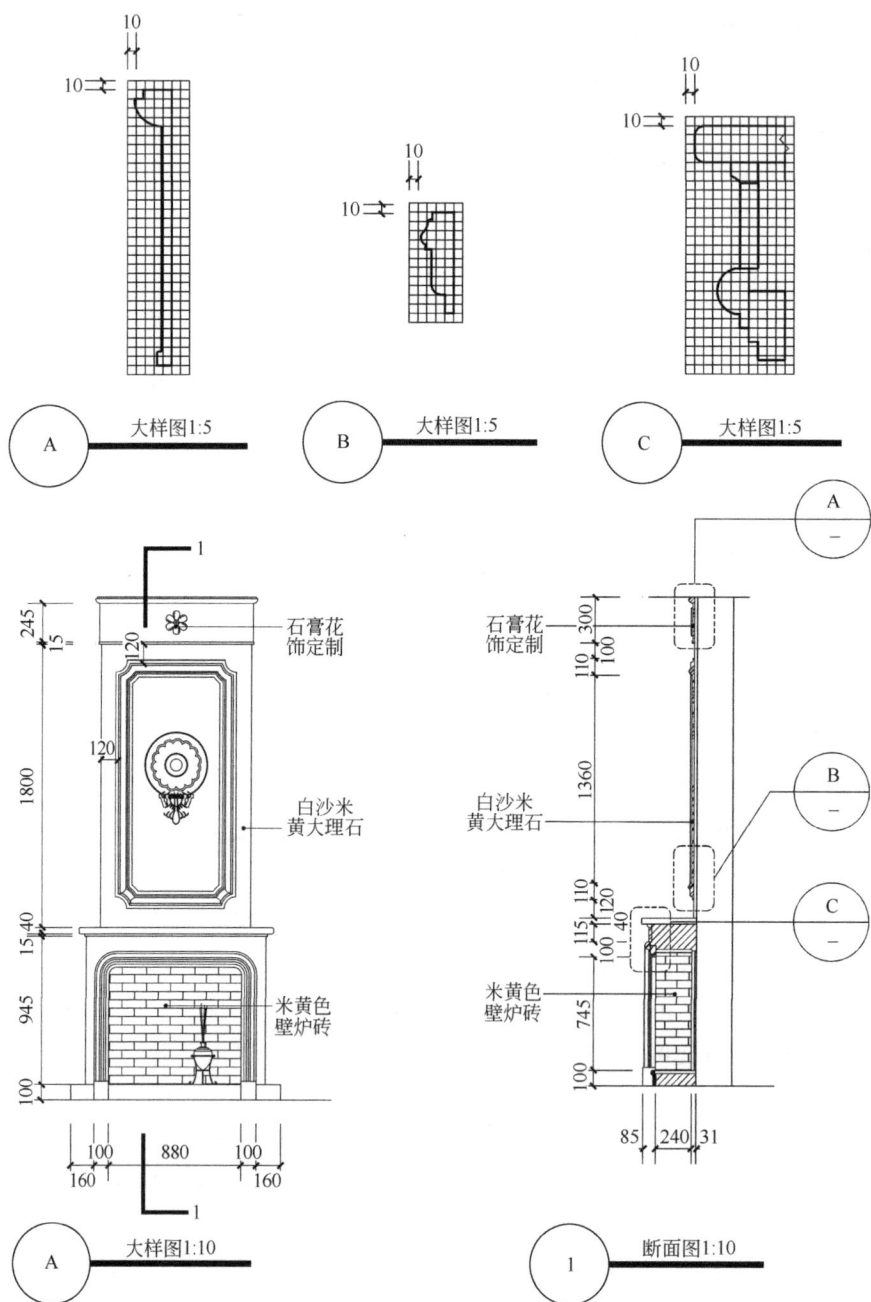

10

10

A 大样图1:5

10

10

B 大样图1:5

10

10

C 大样图1:5

1

245
15
20

石膏花
饰定制

120

1800

白沙米
黄大理石

15 40

945

米黄色
壁炉砖

100

100 880 100
160 160

1

A 大样图1:10

A
—

300
110 100

石膏花
饰定制

1360

白沙米
黄大理石

B
—

115 110
100 120
1 40

C
—

745

米黄色
壁炉砖

100

85 240 31

1 断面图1:10

图5-11 大样图

成品石膏线

木作线板喷白漆
成品罗马柱装饰

木作线板喷白漆

墙面乳胶漆

踢脚板装饰

客厅立面图1:50

实木门套线

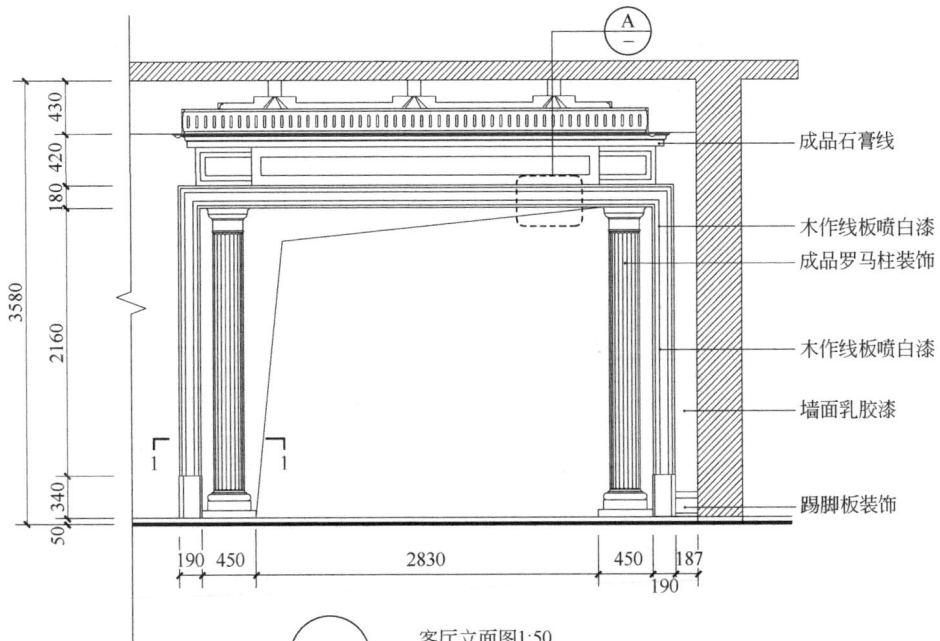

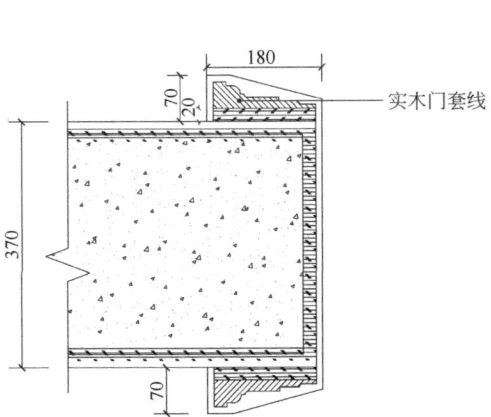

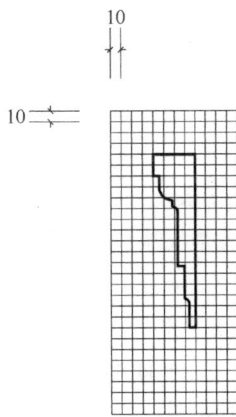

门套1—1剖面大样图1:5

门套大样尺寸图1:5

图5-12 立面图及大样图

5.6 图表

5.6.1 装饰材料表

反映全套施工图设计用材的详细表格，其组成内容如下：

1) 注明材料类别。

2) 注明每款材料详细的中文名称，并可恰当以文字描述其视觉和物理特征。

3) 有些产品需特注厂家型号、货号及品牌。

下面节选了某别墅材料表的部分内容(见表5-2)。

装饰材料对照一览表　　　　　　　表5-2

部位 / 区域	顶 棚		墙 面		地 面		灯 具	
	序号	材料	序号	材料	序号	材料	序号	材料
客 厅	1	乳胶漆	1	大理石	1	实木地板	1	筒灯
	2	金丝壁纸	2	乳胶漆	2		2	斗胆灯
	3	12mm厚纸面石膏板	3	墙纸	3		3	吊顶
餐 厅	1	乳胶漆	1	乳胶漆	1	大理石拼花	1	筒灯
	2	石膏线条	2		2	600×600瓷砖	2	吊顶
	3	12mm厚纸面石膏板	3		3		3	
门 厅	1	乳胶漆	1	乳胶漆	1	花岗石拼花	1	筒灯
	2	12mm厚纸面石膏板	2	6mm清镜	2		2	吊顶
			3		3		3	

5.6.2 灯光图表

灯光图表是反映全套设计图中所运用的光源内容，其组成内容如下：

1) 注明各光源的平面图例。

2) 以"LT"为光源字母代号后缀数字编号，构成灯光索引编号，并以矩形为符号。

3) 有专业的照明描述，具体包括光源类别、功率、色温、显色性、有效射程、配光角度、安装形式及尺寸。

4) 光源型号、货号及品牌。

室内施工图往往需要用到比较多的材料，在图纸上，除了以文字表示出每种材料外，有时还需要通过填充图案的变化来达到使图纸更加清晰明了的目的。

表5-3展示出的是比较常用的材料的填充图案，了解这些对更快地阅读室内工程图有很大帮助，并且，用好这些填充图案也会使工程图的图面效果更加丰富和具有感染力。

材料符号表

表5—3

材质符号	材质类型	材质符号	材质类型	材质符号	材质类型
	瓷砖		三夹板		防潮层
	马赛克		五夹板		硬塑料
	石材		九夹板		铜
	砂、灰土、粉刷层		十二夹板		铝
	水泥砂浆		密度板		钢材
	混凝土		细木工板		相邻图例过小时涂黑
	钢筋混凝土		木材		钢丝网板
	黏土砖		垫木、木砖、木龙骨		自然土
	轻质砌块砖		多孔材料		素土夯实
	轻钢龙骨纸面石膏板隔墙		纤维		液体
	土建承重墙柱填充		硅胶		镜面（平面图案）
	土建非承重墙柱填充		橡胶		清玻璃（平面图案）
	新砌普通砖墙填充		地毯		磨砂、烤漆玻璃（平面图案）
	玻璃砖		石膏板		
	玻璃		软质填充材料		

第6章
环境景观工程制图

设计各阶段的图纸没有明确数量和内容要求,仅以表达清楚为原则。施工图相对方案设计图、初步设计图更详尽,更规范,所以下面各节内容均为施工图的识读与绘制。

6.1 景观园林设计的程序及特点

6.1.1 景观园林设计的程序

场地调研与分析:对景观园林目标场地实际情况的现场勘察与调研是景观园林设计的第一步基础工作,其主要目标是了解场地在所在城市或区域中的位置,了解场地周边的人文、地理环境,收集相关资料,分析归纳目标场地的综合情况。

概念设计:通过调研和分析,对目标场地进行初步的整体设计,提出初步设计理念及功能分区设计。

方案设计:概念设计通过后,在保证市政、路网等系统功能正常使用的基础上,对目标场地进行具体设计。

技术设计:方案设计通过后,根据设计条件,对绿植、管线、电气、建筑设计、小品等技术内容进行深入设计。

施工图绘制:上述程序完成后,将设计内容准确无误地表达在图纸上,并以此图纸作为施工的主要依据。

6.1.2 景观园林设计的特点

(1) 景观园林设计内容复杂、涉及面广

它包含了树木、水体、道路、山石、广场、建筑、设施、小品等多项内容,还涉及建筑、结构、水电等多个专业,表现的对象形态各异,表现的内容复杂多样,是多专业协同设计的艺术。

(2) 景观园林设计尺度比例变化大

它表现的对象形态各异，表现的内容复杂多样，尺度比例差别较大，形状大多为不规则形体，较难用统一的标准绘制。为了满足设计要求，充分表达设计思想，徒手绘画成为设计表达的一种重要手段，同时，运用现代化的计算机工具进行绘制也是近年来逐渐成熟的一种表达方法。

(3) 景观园林设计规范与标准多

由于景观园林制图涉及多个专业，其表达内容也多种多样，故景观园林设计的制图标准及规范也较多。

6.2 景观工程图

虽然景观设计项目性质和规模不同，但建造它们都要经过土方工程、给排水工程、水景工程、假山工程、园路工程、建筑工程和种植工程等。为了表达景观设计的内容和意图，并组织各工程的施工，必须绘制出园林工程图，一般包括以下各种工程图纸：

1) 总平面图。图纸上应反映出地形现状、山石水体、道路系统、建筑位置、定点放线的依据等。

2) 竖向设计图。包括地形图和地形剖面图。图中反映出地形设计、等高线、山石水体、道路和建筑的标高。

3) 管线综合平面图。反映管道的布置和标高，闸门井、检查井的位置和标高，地上供电线的位置等。

4) 园路工程图。用平面图表达路线，用断面图表达道路结构，路面铺设图案可以用平面大样图表达。

5) 种植设计图。主要是平面图，用以表达植物配置、树木的种植形式、种植位置、树种、株数等。

6) 景观设施工程图。这部分图纸主要有园林建筑工程图(包括景观建筑施工图和结构施工图)、水景工程图(包括设施总体布置图和构造物结构图)、假山工程图、园桥工程图等。

6.3 景观园林制图的方法

6.3.1 景观园林总平面图的具体绘制方法

1) 绿化植物的表示方法：植物是景观园林设计中最重要的组成部分。绿化植物分类方法很多，根据各种特征可分为：乔木、灌木、攀缘植物、竹类、花卉、阜地六大类。由于它们的种类不同，形态变化大，因此画法也各有不同。我们根据植物的不同特征，抽出其主要特征，以约定俗成的图例来表示。

2) 山石的表示方法：景观园林绘制中，山石一般采用线条勾勒的方法表现，亦可用添加阴影等表现手法。

3) 水体的表示方法：水体的平面表示法分为线条法、等深线法、平涂法、添景物法，水体的立面表示方法分为线条法、留白法、光影法。

4) 坐标网格及尺寸定位：景观园林平面图中定位方式分为两种，一种是以设计范围内原有景物为基准，标注新设计的内容与原有景物之间的相对距离；另一种是采用直角坐标网格定位，以场地测量计准点为原点，确定坐标网格，水平方向为 Y 轴，竖直方向为 X 轴，以一定距离为单元，用细实线绘制。

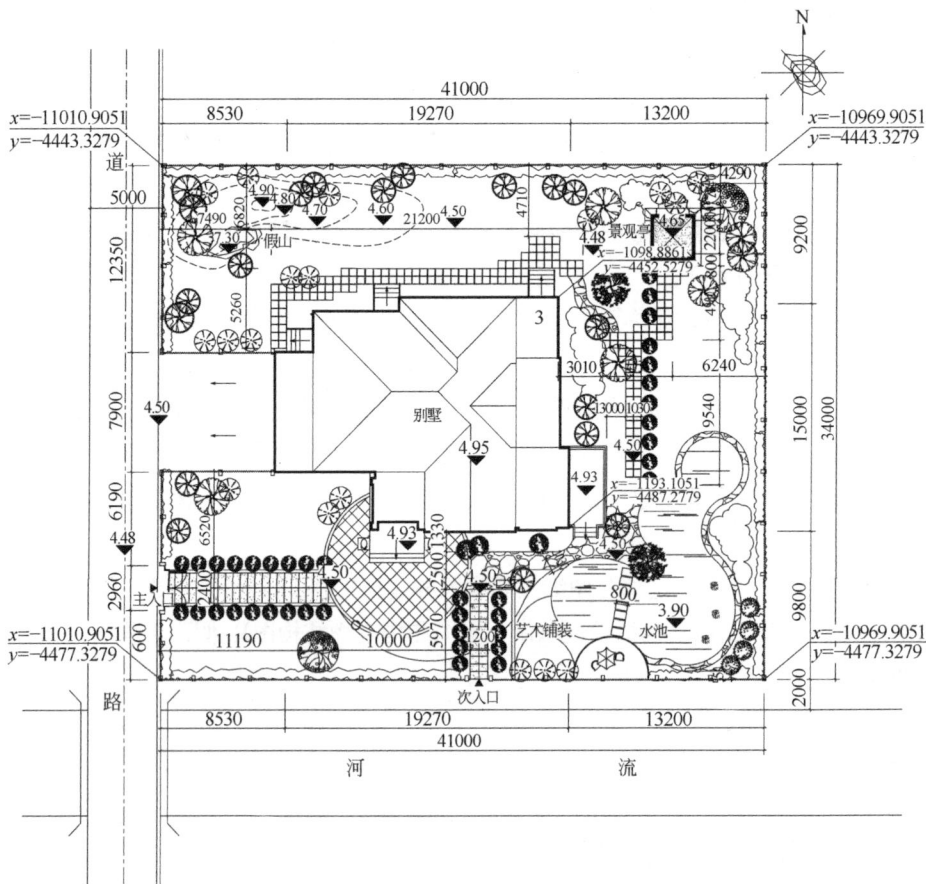

图6-1 景观总平面图 1:300

5) 编制图例表：图中所有的图例，应在图纸适当位置上编制图例表，说明图例含义。

6) 编制设计说明：设计说明是利用文字来表达设计思想及艺术效果，对图纸作进一步的阐述，将图纸不方便表示的内容用文字的形式表达出来，对一些主要的施工方法、材质进行文字性的说明。

7) 指北针及风玫瑰图：参照建筑设计制图规范。

8) 设计图框及确定图纸比例：为了规范图纸，每个设计单位均有独立的图框设计，为了方便阅读，可采用适当比例尺，一般采用线段比例尺。

6.3.2 景观园林竖向分析图的具体绘制方法

景观园林竖向分析图是根据总平面图及原始条件绘制的地形平面详图，它表明景观园林的地形在竖直方向的变化，是造景施工的重要依据，也是土石方概预算的依据。

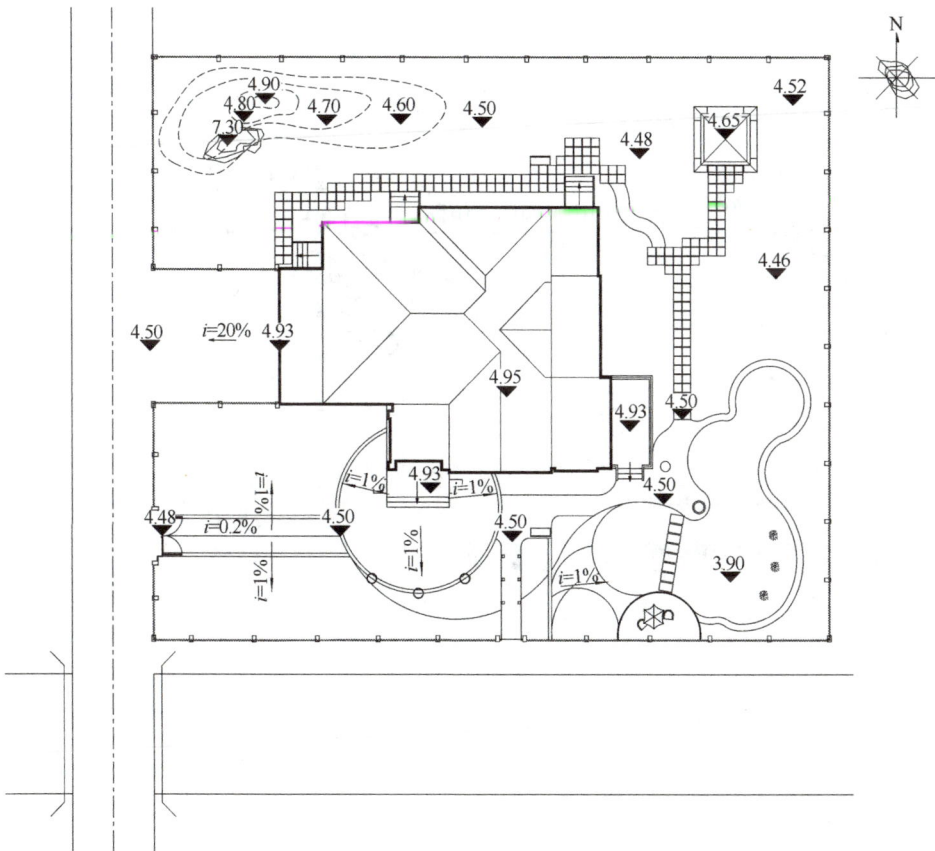

图6-2 景观竖向设计图1：300

1）绘制表示地形的等高线：表示地形的等高线以细实线绘制，并标注相应高程或高差，等高线之间高差相等。

2）标注高程及高差：景观园林中一般标注山石、道路、水系、广场或庭院的高程或高差，山石一般标注在最高点，道路一般标注在交汇处及转向处，水系一般标注在水源地及高度变化突然的地方，广场或庭院一般标注在角点位置。

3）标注坡向及排水方向：以单边箭头表示坡向及排水方向，在箭头上方标注坡度。

4）标注水流方向：以单边箭头表示水流方向。

6.3.3　景观园林植物设计图的具体绘制方法

内容及特点：景观园林植物设计图是景观园林设计最主要的内容之一，是表示植物种类、位置、数量、规格的平面图，是景观园林成功与否的关键组成部分，也是种植施工养护以及工程和概预算的重要依据。

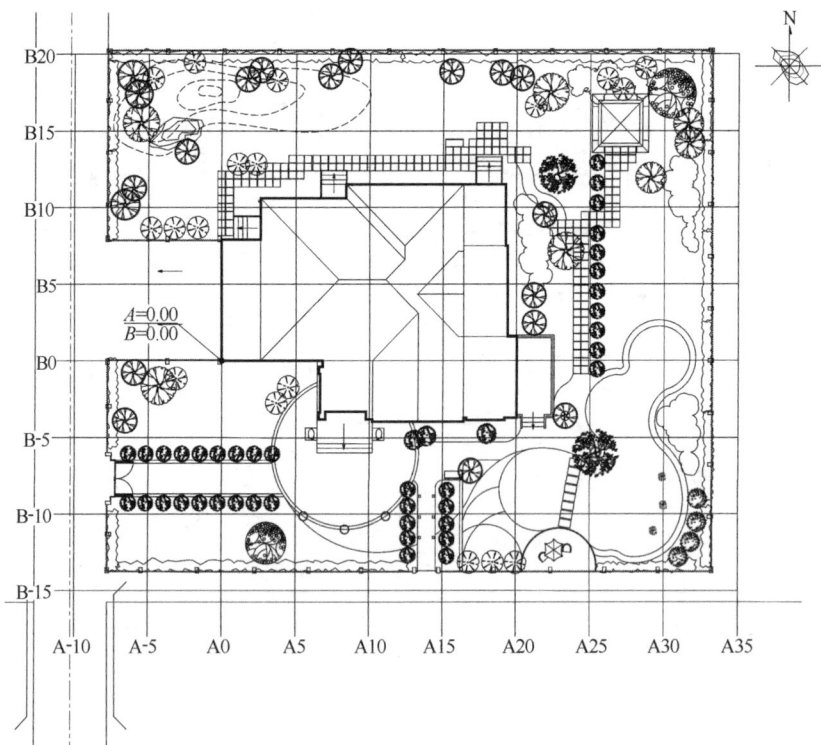

图6-3　景观绿化布置图1∶300

1) 种植点位布置：一般情况下，将各种植物的图例按比例布置在平面图上，为了区别树种，可采用对应图例方式布置，每种植物采用单独的图例，对照苗木表识别，也可采用不同树种统一编号的方法。

2) 编制苗木表：在图中适当的位置，将植物的图例或编号、名称、拉丁文名称、单位、数量、规格、出圃年龄等编制成表，便于阅读，见表6-1。

绿化苗木表　　　　　　　　　　　表6-1

图　例	名　称	数　量	单　位	备　注
	红花紫荆	2	棵	胸径12cm
	紫楠	7	棵	胸径8cm
	垂叶榕	2	棵	胸径15cm
	鸡爪槭	19	棵	胸径8cm
	垂丝海棠	18	棵	高150cm
	九里香	42	棵	高45cm
	含笑	4	棵	高45cm
	小叶女贞	30.43	m²	
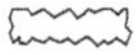	小叶黄杨	72.02	m²	高45cm

3) 尺寸定位：形状规则的植物一般采用与原有地上物相对距离的方法标注，现状不规则的植物一般采用与图纸大小相同的坐标网格确定位置，同种类植物尽量用粗实线连接起来。

6.3.4 景观园林道路设计图的具体绘制方法

内容及特点：景观园林道路是景观园林的骨架及脉络，是构成景观园林的重要组成部分，具有组织交通、划分空间、联络景观节点的作用。景观园林道路设计图是以总平面图为基础，是表示道路位置、宽度、材质的平面图。

1) 道路平面位置：一般情况下，将道路按比例布置在平面图上。在大比例图纸上，

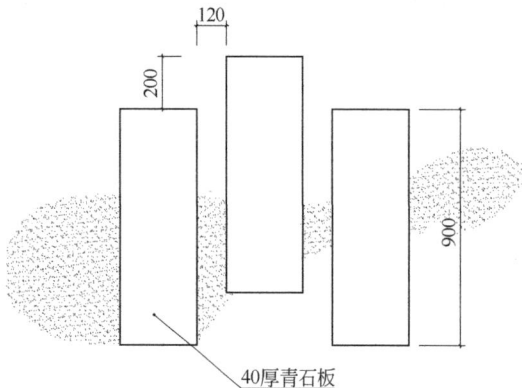

图6-4 汀步平面图1∶20

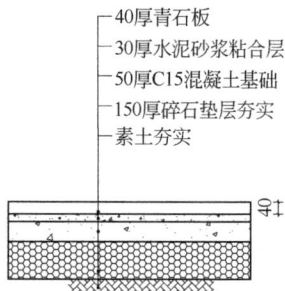

图6-5 汀步剖面图1∶20

两条平行的中实线表示，平行线间距为道路宽度；在小比例图纸上，还可以细分出人行道或机动车道。

2）标注坡向及排水方向：以单位箭头表示坡向及排水方向，在箭头上方标注坡度。

3）编制道路断面图例表：在图纸的适当位置，将道路的断面图、施工做法、尺寸、配套设施制成表格，以方便阅读。

6.3.5 景观园林山石设计图的绘制方法

内容及特点：景观园林山石设计图的内容一般包括平面图、立面图、剖(断)面图、基础平面图、节点详图，它是景观园林山石施工的指导。

1）平面图及立面图：平面图表示山石的平面位置、平面的形状、周围地形等内容，见图6-6；立面图表示山石的立面造型及高度，它常与平面图配合使用，以完整表示出山石的具体情况。

2）剖(断)面图：表示山石的内部构造、断面形式、材料做法和施工要求等，见图6-7。

3）基础平面图及剖面图：基础平面图表示山石基础的位置及形状，基础剖面图表示基础的构造及做法。

4）尺寸定位：在景观园林山石施工中，由于山石的造型丰富，很难具体标注，一般情况下采用坐标网格控制尺寸。

6.3.6 景观园林驳岸设计图的具体绘制方法

内容及特点：景观园林驳岸设计图一般包含驳岸平面图、驳岸断面图及节点详图，它是表示景观园林水系设计效果的依据。

1）驳岸平面图：表示水体边界线的位置及形状，不同类型的驳岸要分段区分，并

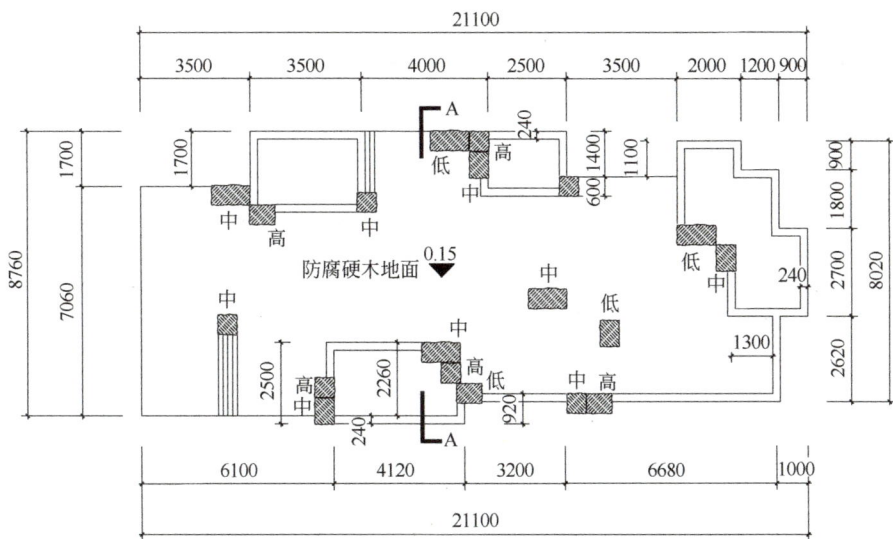

图6-6　石阵平面图1:200

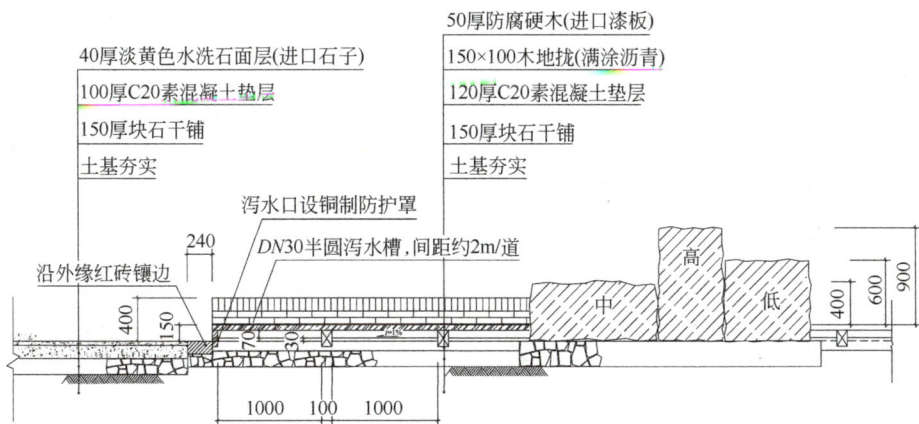

图6-7　A—A剖面图1:50

标注详图索引,见图6-8。

2)驳岸断面图:表示不同区段的构造、尺寸、材质、施工做法等内容,如有特殊节点,还应附加节点详图具体表述。

3)尺寸标注:由于驳岸造型多为自然曲线,很难标注各部分的尺寸,因此,为了便于施工,一般采用直角坐标网格控制。

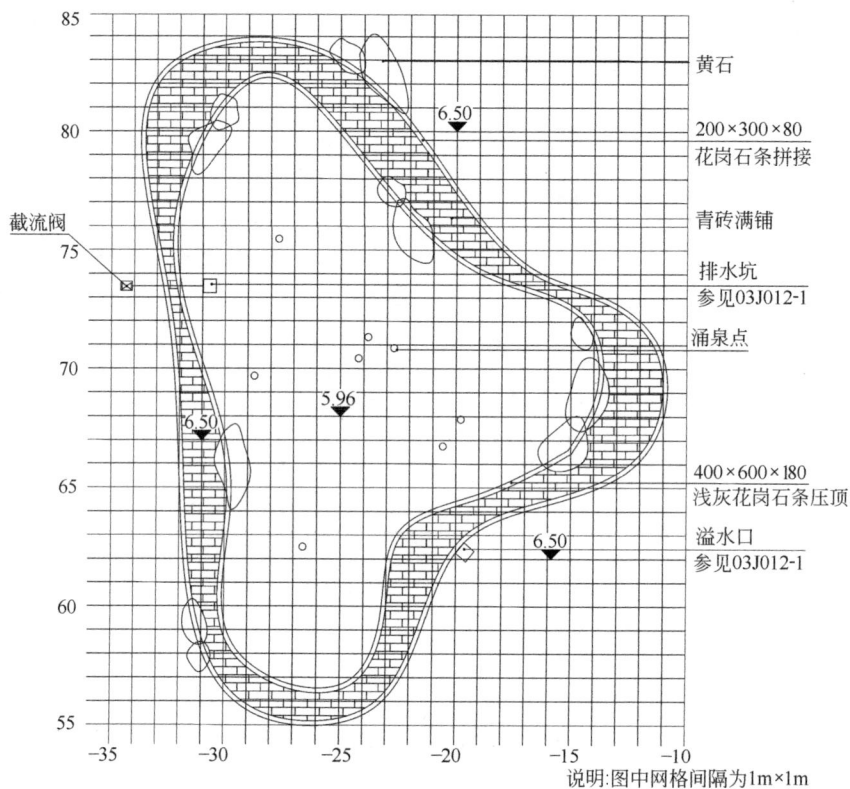

黄石

200×300×80
花岗石条拼接

青砖满铺

排水坑
参见03J012-1

涌泉点

400×600×180
浅灰花岗石条压顶

溢水口
参见03J012-1

截流阀

说明:图中网格间隔为1m×1m

图6-8　驳岸平面放样图 1:200

6.3.7　景观园林配套施工图的内容

景观园林配套施工图包括管线、电气、土方等其他专业图纸，是景观园林设计能否实现的基础，它主要包含景观园林管线工程图、景观园林电气工程图、景观园林土方工程图等。

园林绿地规划设计图例　　　　　　　　　　　　　　表6-2

建　　筑

序　号	名　称	图　例	说　明
1	规划的建筑物		用粗实线表示
2	原有的建筑物		用细实线表示

续表

序 号	名 称	图 例	说 明
3	规划扩建的预留地或建筑物		用中虚线表示
4	拆除的建筑物		用细实线表示
5	地下建筑物		用粗虚线表示
6	坡屋顶建筑		包括瓦顶、石片顶、饰面砖顶等
7	草顶建筑或简易建筑		
8	温室建筑		

山 石

序 号	名 称	图 例	说 明
1	自然山石假山		
2	人工塑石假山		
3	土石假山		包括土包石、石包土及土假山
4	独立景石		

水 体

序　号	名　称	图　例	说　明
1	自然形水体	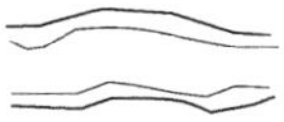	
2	规则形水体	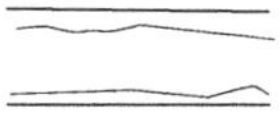	
3	跌水、瀑布	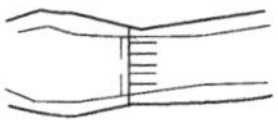	
4	旱涧	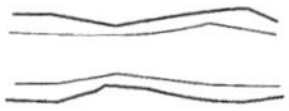	
5	溪涧	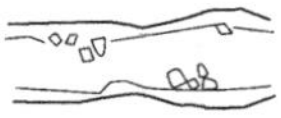	

工 程 设 施

序　号	名　称	图　例	说　明
1	护坡	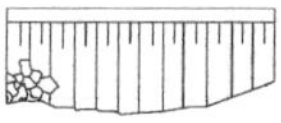	
2	挡土墙	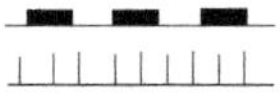	突出的一侧表示被挡土的一方
3	排水明沟	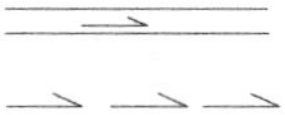	上图用于比例较大的图面 下图用于比例较小的图面
4	有盖的排水沟	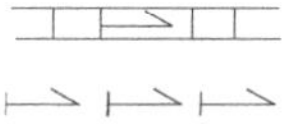	上图用于比例较大的图面 下图用于比例较小的图面
5	雨水井		
6	消火栓井		
7	喷灌点		
8	道路	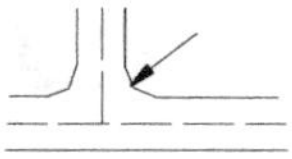	

续表

序　号	名　称	图　例	说　明
9	铺装路面	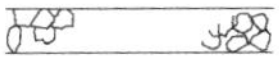	
10	台阶		箭头指向表示向上
11	铺砌场地	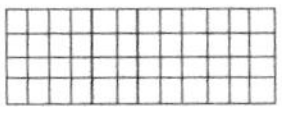	也可依据设计形态表示
12	车行桥	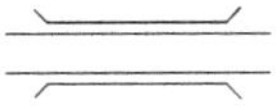	也可依据设计形态表示
13	人行桥	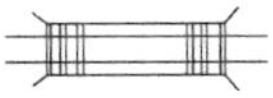	
14	亭桥	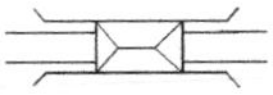	
15	铁索桥	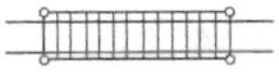	
16	汀步	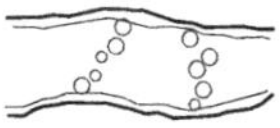	
17	涵洞	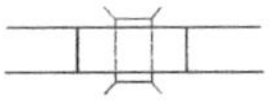	
18	水闸	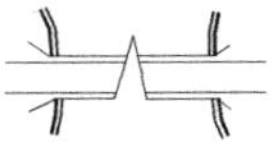	
19	码头	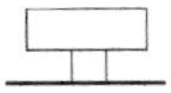 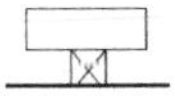	上为固定码头， 下为移动码头
20	驳岸	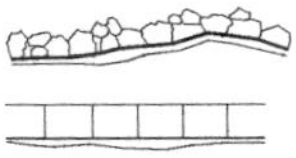	上图为假山石自然驳岸， 下图为整形砌筑规划式驳岸

植 物

序　号	名　称	图　例	说　明
1	落叶阔叶乔木		
2	常绿阔叶乔木		序号3—14中 落叶乔、灌木均不填斜线； 常绿乔、灌木加画45°细斜线。 阔叶树的外围线用弧裂形或圆形线； 针叶树的外围用锯齿形或斜刺形线。 乔木外形成圆形； 灌木外形成不规则形。 乔木图例中粗线小圆表示现有乔木，细线小十字表示设计乔木。 灌木图例中黑点表示种植位置。 凡大片树林可省略图例中的小圆、小十字及黑点
3	落叶针叶乔木		
4	常绿针叶乔木		
5	落叶灌木		
6	常绿灌木		
7	阔叶乔木疏林		
8	针叶乔木疏林		
9	阔叶乔木密林		
10	针叶乔木密林		
11	落叶灌木疏林		
12	落叶花灌木疏林		

续表

序 号	名 称	图 例	说 明
13	常绿灌木密林		
14	常绿花灌木密林		
15	自然形绿篱		
16	整形绿篱		
17	镶边植物		
18	一、二年生草本花卉		
19	多年生及宿根草本花卉		
20	一般草皮		
21	缀花草皮		
22	整形树木		
23	竹林		
24	棕榈植物		

序　号	名　称	图　例	说　明
25	仙人掌植物		
26	藤本植物		
27	水生植物		

第7章
设施工程制图

本书指的设施的概念包括室内设施和室外设施两部分。室内设施就是俗称的家具，室外设施是指和景观有关的一切设施小品。

设施设计是环境艺术设计中尺度最小的一个专业范畴。有很多专业特性与工业产品设计近似。在制图表达上，设计更重视细节构造以及结构与材料的关系。室内设施即家具设计有相关的国家规范，而室外设施目前尚无国家规范。

在设施工程图中，局部详图起着十分重要的作用。由于它将设施的一些结构特点、结合方式、较小零件的精确形状以及装饰图案以较大比例的图形表达清楚，所以在图样中被广泛应用。

7.1　室内家具设施

7.1.1　家具及产品设计制图表达的基本程序

一般分为方案设计、技术设计、制作图设计三个阶段。

方案设计完成工作：根据设计任务书的要求设计出方案，经过确认后可以进入下阶段。

技术设计阶段：在方案设计的基础上，进一步明确尺寸、构造、选定的各种构、配件等，同时解决构造与材料之间的矛盾。

制作图设计阶段：明确结构方案与构造设计，完成具体详尽的构造及制作实施图纸，同时提供出各技术配合专业图纸以及预算书。

7.1.2　制图标准

本章节采用国家颁布的《家具制图标准》。

比例一般选用 1∶5，1∶10，1∶20，1∶30 等，绘制同一家具的各种视图应采用相同的比例；各局部详图必须单独标注比例。

填充图案基本可以参考室内工程图的材质表。

7.1.3 视图的画法

用怎样的方法，采取什么投影体系来表达物体，是制图标准中一个很重要的问题。正投影中第一角投影法是国际上承认的投影体系。目前世界上许多国家的各种标准，有向国际标准化组织ISO所制定的标准靠拢的趋势。ISO推荐用第一角投影法作为视图的画法。我国1978年9月开始以中国标准化协会(CAB)的名义参加ISO成为正式会员国，因而家具制图标准确定家具图样统一采用正投影，第一角画法。即家具处于观察者与投影面之间并行垂直于投影面的平行投影，如图7-1所示。

7.1.4 绘制三视图

这个阶段是进一步将构思的草图和搜集的设计资料融为一体，使之进一步具体化的过程。三视图，即按比例以正投影法绘制的正立面图、侧立面图和俯视图，见图7-2。

三视图应解决的向题是：首先，家具造型的形象按照比例绘出，要能看出它的体型、状态，以便进一步解决造型上的不足与矛盾。第二，要能反映主要的结构关系。第三，家具各部分所使用的材料要明确。在此基础上绘制出的透视效果图，则能显示出所设计的家具更加真实与生动。

7.1.5 剖视和剖面

为了清楚地表示家具内部结构及零部件断面形状，假想用剖切面剖开家具或家具零、部件，将处在观察者和剖切面之间的部分移去，而将其余部分向投影面投影，所得的图形为剖视图。假想用剖切平面将家具的某处切断，仅画出断面的图形为剖面图。

剖视图和剖面图既有相同之处，又有不同之点。相同的是，两者都是用一假想的平面来剖切家具或家具零件，不同的是剖面图仅仅画出被剖切到断面的图形，在其后的结构形状不必画出，而剖视图则要将剖切平面后边的可见部分全部画出。

在实际使用过程中，剖视图往往用来表达家具内部各零件之间的装配关系和相互

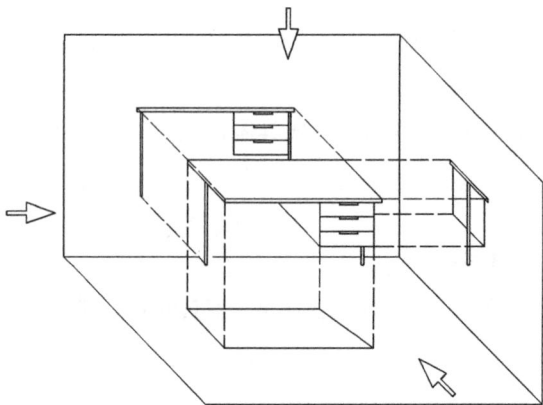

图7-1 正投影

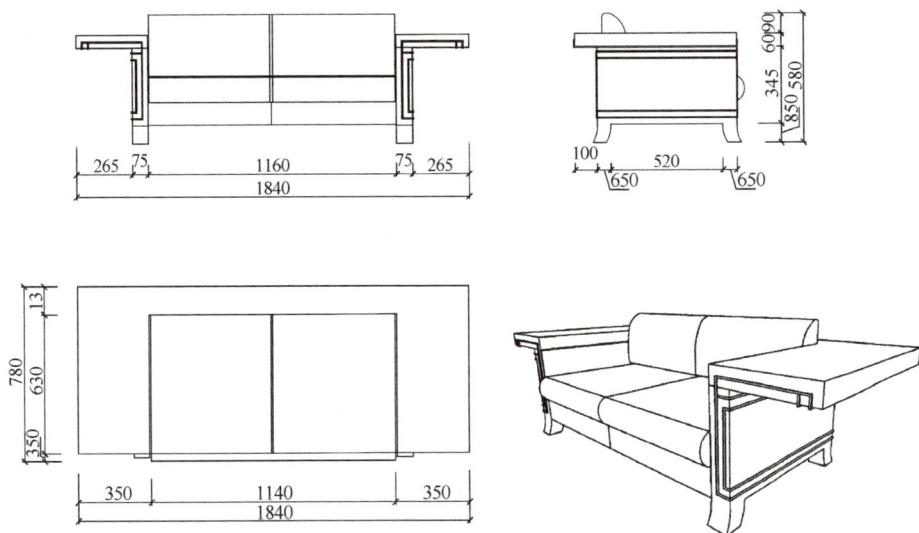

图 7-2 沙发三视图及透视图

　　各基本视图不必标注视图名称，必要时视图位置有变动或不在同一张图纸上的情况下，则除主视图外都必须标注视图名称。

位置，是表达家具内部结构的重要手段，而剖面图一般用来表达一些零件的断面形状或某个位置的断面形状。二者各有各的用途，不可相互取代。

7.1.6 简化画法

　　为了方便绘图，加快绘图速度，家具制图标准允许采用一些简化画法，具体有以下三个方面：第一，投影简化，包括一些工艺上常规作法可以不必详细画出。第二，重复的零件或结构、图案等可仅画一个，其余从简。第三，用文字注明，简化画图。

　　1) 当倾斜角度不大，为了使图面清晰，在不影响看图条件下，允许省略一些线条。允许不按投影而近似画出。

　　2) 有些结构在工艺条件明确时，可以省略不画，如实板面抽屉的榫接合等，也可以在图纸上技术要求中注明。

　　3) 当主视图被剖切时，处在最前面的脚连接望板部分可不作剖视处理，仍按外形画出。

　　4) 在基本视图中有直径很小的圆时，可用垂直相交的两短细实线表示位置，再注出其直径大小，或连接件代号名称规格，如图 7-3。

　　5) 基本视图为剖视时，允许省略一些次要的，

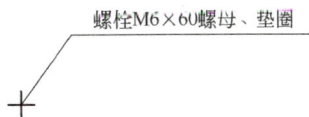

螺栓M6×60螺母、垫圈

图 7-3

或将使图面模糊不清的投影，但局部详图必须画全。

7.2 室外景观小品

7.2.1 园林景观小品概念及内容

　　园林景观小品功能简明、体量小巧、富于特色的构筑物，既有使用功能又能与环境组成景色。它们将周围景观巧妙地组织起来，赋予景观以无穷的活力、个性和美感。

　　内容包括：亭、廊、花架、景墙、花格、栏杆、园灯、园椅、园凳、垃圾箱、指示牌以及儿童游乐园中的玩具设施等。

　　由于造型的艺术化、景观化和小品化，使园林景观小品外形虽小却形状复杂，因此，不论他们是依附于景观或建筑，还是相对独立，一般都需要单独画出详图表达。

7.2.2 园林小品设施图例

园林小品设施图例　　　　　　　　　　　　　　　　　　表7

序　号	名　称	图　例	说　明
1	喷　泉		
2	雕　塑		
3	花　台		可依据设计形态表示，也可仅表示位置，不表示具体形态
4	坐　凳		
5	花　架		
6	围　墙		上图为实砌或漏空围墙；下图为栅栏或篱笆围墙
7	栏　杆		上图为非金属栏杆；下图为金属栏杆
8	园　灯		
9	饮水台		
10	指示牌		

　　注：摘自《CJJ 67—95风景园林图例图示标准》

7.2.3 室外景观小品的制图表达

室外设施小品视图的绘制与家具制图的视图方法是相同的，采用正投影的方法得到三视图，如图 7-4。

在绘制剖切图来表达形体的时候，比家具制图更常用到半剖视图。即当设施或其零、部件对称(或基本对称)时，在垂直于对称平面的投影面上的投影，以对称中心线为界，一半画成剖视图，另一半画成正常视图。

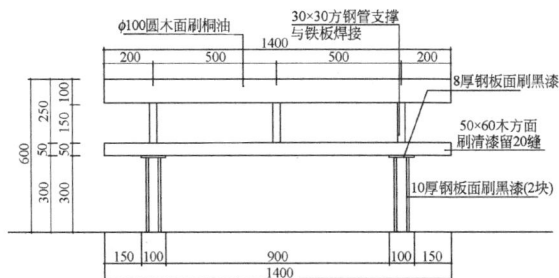

休息坐凳侧立面图 1:10

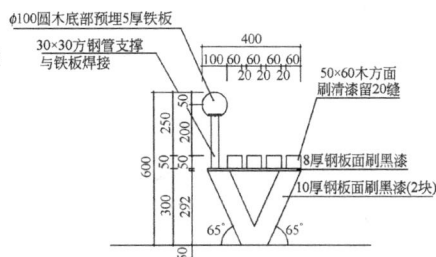

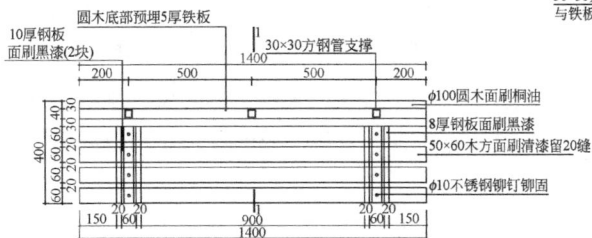

休息坐凳立面图 1:10

休息坐凳平面图 1:10

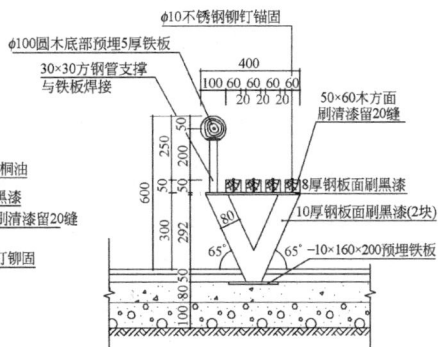

1—1剖面图 1:10

图 7-4　园凳的三视图和剖面图

第8章
建筑结构工程制图

8.1 结构施工图概述

本章简述建筑结构工程制图一般知识。

8.1.1 建筑结构的组成

建筑中起承重和支撑作用的构件(如基础、墙、柱、梁、板),按一定的构造和连接方式组成的建筑结构系统,这个系统常称为"建筑结构",简称"结构"。建筑结构要有足够的坚固性和耐久性,以保证建筑在各种荷载作用下的安全使用。

建筑结构由地下结构和上部结构两部分组成。建筑的地下结构有基础和地下室;上部结构通常由墙体、柱、梁、板和屋架等构件组成。

8.1.2 建筑结构的类型

1) 建筑结构按材料来分有钢筋混凝土结构、砌体结构、钢结构和木结构等。其中,钢筋混凝土结构是由钢筋和混凝土两种材料构成的。钢筋混凝土结构应用十分广泛,除工业和民用建筑,如多层和高层住宅、旅馆、办公楼、大跨度的会堂、剧院、展览馆等采用钢筋混凝土建造外,其他特种结构如烟囱、水塔、水池等也采用钢筋混凝土建造。

2) 建筑结构按承重结构类型来分有砖混结构、剪力墙结构、框架结构、框架—剪力墙结构、简体结构、大跨结构等。当建筑的结构系统主要由钢筋混凝土材料的梁、柱、板组成时,称为"框架结构"。框架结构能提供比砖混结构更大的室内空间,其内部空间布置更为灵活、用途更为广泛。

8.1.3 结构施工图的内容和作用

前面所述建筑施工图主要表达了建筑的外部造型、功能分区、平面布置、建筑构造和外装修等建筑设计内容。建筑结构施工图则是在建筑施工图基础上进行的,其主要任务是根据建筑的使用要求进行结构选型、结构布置,经过力学和结构计算确定各结构构件的形状大小、材料等级及内部构造。

结构施工图是放线、挖土方、支模板、绑钢筋、浇筑混凝土、编制工程预算及施工组织设计的依据。

8.1.4 结构施工图表达的基本构成

建筑结构按不同的类型，施工图的内容不同，并且编排方式也不相同。但结构施工图一般都包含了以下几部分内容：

1）结构设计说明；

2）基础施工图；

3）各层结构布置平面图；

4）构件详图；

5）楼梯结构详图；

6）其他构造详图。

8.1.5 建筑结构制图的一般规定

1. 图线，见表8-1。

图　　线　　　　　　　　　　表8-1

名　称		线　型	线宽	一　般　用　途
实　线	粗		b	螺栓、主钢筋线，结构平面图中的单线结构构件线，钢、木支撑及系杆线，图名下横线，剖切线
	中		$0.50b$	结构平面图及详图中剖到或可见的墙身轮廓线、基础轮廓线，钢、木结构轮廓线，箍筋线、板钢筋线
	细		$0.25b$	可见的钢筋混凝土构件的轮廓线、尺寸线、标注引出线，标高符号，索引符号
虚　线	粗		b	不可见的钢筋、螺栓线，结构平面图中的不可见的单线结构构件线及钢、木支撑线
	中		$0.50b$	结构平面图中的不可见构件、墙身轮廓线及钢、木构件轮廓线
	细		$0.25b$	基础平面图中的管沟轮廓线，不可见的钢筋混凝土构件轮廓线
单点长画线	粗		b	柱间支撑、垂直支撑、设备基础轴线图中的中心线
	细		$0.25b$	定位轴线、对称线、中心线
双点长画线	粗		b	预应力钢筋线
	细		$0.25b$	原有结构轮廓线
折断线			$0.25b$	断开界线
波浪线			$0.25b$	断开界线

2．结构图应采用正投影法绘制(图8-1)，特殊情况下也可采用仰视投影绘制。

3．在结构平面图中，构件应采用轮廓线表示，如能用单线表示清楚时，也可用单线表示。定位轴线应与建筑平面图或总平面图一致，并标注结构标高。

4．在结构平面图中，如若干部分相同时，可只绘制一部分，并用大写的拉丁字母(A、B、C、……)外加细实线圆圈表示相同部分的分类符号。分类符号圆圈直径为8mm或10mm。其他相同部分仅标注分类符号。

5．桁架式结构的几何尺寸图可用单线图表示。杆件的轴线长度尺寸应标注在构件的上方，如图8-2所示。

6．在杆件布置和受力均对称的桁架单线图中，若需要时可在桁架的左半部分标注杆件的几何轴线尺寸，右半部分标注杆件的内力值和反力值；非对称的桁架单线图，可在上方标注杆件的几何轴线尺寸，下方标注杆件的内力值和反力值。竖杆的几何轴线尺寸可标注在左侧，内力值标注在右侧。

7．结构平面图中的剖面图、断面详图的编号顺序宜按下列规定编排，如图8-3所示。

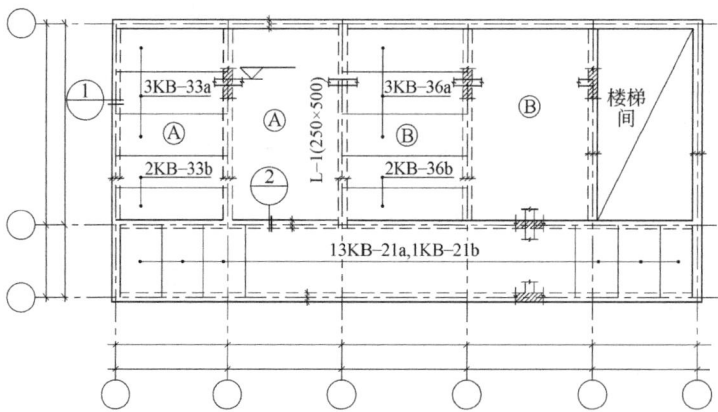

图8-1 用正投影法绘制结构平面图

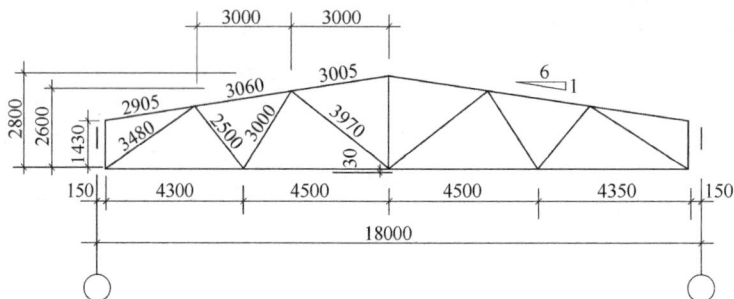

图8-2 对称桁架几何尺寸标注方法

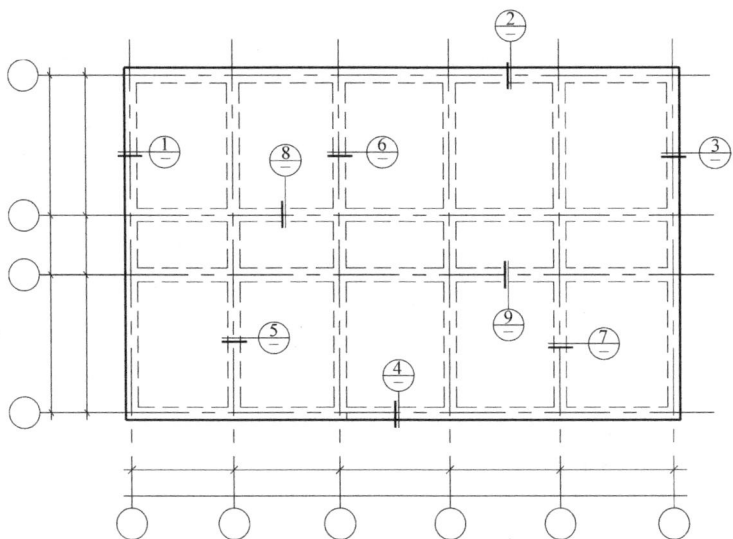

图8-3 结构平面图中断面编号顺序表示方法

1) 外墙按顺时针方向从左下角开始编号；

2) 内横墙从左至右，从上至下编号；

3) 内纵墙从上至下，从左至右编号。

8. 构件详图的纵向较长，重复较多时，可用折断线断开，适当省略重复部分。

9. 图样或标题栏内的图名应能准确表达图样、图纸构成的内容，做到简练、明确。

8.2 钢筋混凝土结构

8.2.1 钢筋混凝土结构的基本知识

混凝土是由水泥、砂、石子和水按一定比例配合搅拌而成，把它灌入定型模板内，经过振捣密实和养护凝固后就形成坚硬如石的混凝土构件。混凝土构件的抗压强度较高，但抗拉强度较低，容易因受拉或受弯而断裂。为了提高构件的承载能力，可在混凝土构件受拉区内配置一定数量的钢筋。这种由钢筋和混凝土两种材料构成的构件，称为钢筋混凝土构件，主要由钢筋混凝土构件组成的建筑结构，称为钢筋混凝土结构。钢筋混凝土结构是工业与民用建筑中应用最广泛的一种承重结构。

1. 钢筋混凝土结构和构件的种类

钢筋混凝土结构按不同的施工方法，可分为现浇整体式、预制装配式和部分装配、部分现浇的装配整体式三类。

组成钢筋混凝土结构的构件有现浇钢筋混凝土构件和预制钢筋混凝土构件两种。钢筋混凝土构件还可以分为定型构件和非定型构件。定型构件一般是通用性较强的预制构件，它们的结构详图已编入标准图集或通用图集中，被选用的定型构件不必再画结构详图，只要在结构布置图中注明定型构件的型号，并说明所在图集的名称；非定型构件是自行设计的现浇构件或预制构件，则必须绘制它们的结构详图。

此外，有的预制构件在制作时通过张拉钢筋对混凝土预加一定的压力，以提高构件的抗拉和抗裂性能，这种构件称为预应力钢筋混凝土构件。

2．混凝土强度等级和钢筋等级

混凝土按其抗压强度的不同可分为不同的等级，常用的混凝土强度等级有C15、C20、C25、C30、C40等，数字愈大，其抗压强度也愈高。

钢筋按其强度和品种分成不同的等级，抗拉强度逐级提高，分别用不同的直径符号表示。

3．钢筋的名称和作用

按钢筋在构件中所起的作用可作如下分类(参见图8-4)：

(1) 受力钢筋：构件中主要的受力钢筋，如梁、板中的受拉钢筋，柱中的受压钢筋。

(2) 箍筋：构件中承受剪力或扭力的钢筋，同时用来固定纵向钢筋的位置，构成钢筋骨架，一般用于梁和柱中。

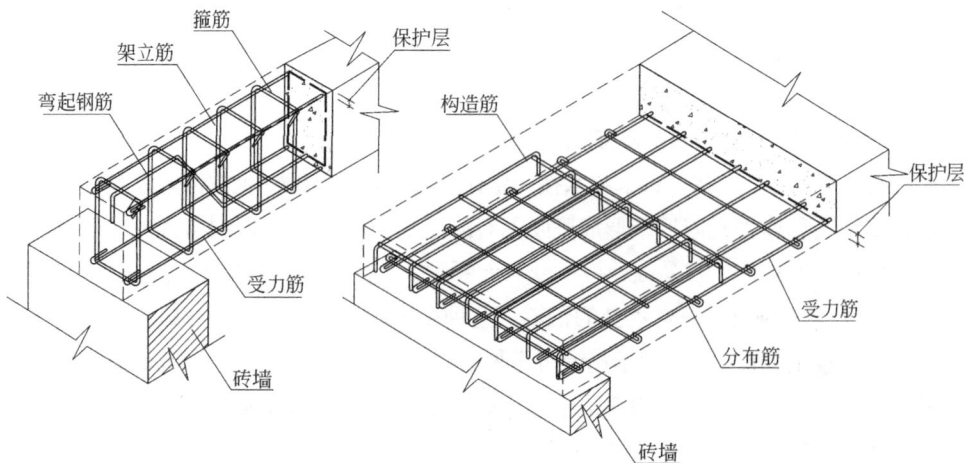

图8-4　钢筋混凝土构件的钢筋配置

(3) 架立筋：它与梁内的受力筋、箍筋共同组成钢筋的骨架，用来固定箍筋的位置。

(4) 分布筋：它与板内的受力筋一起构成钢筋网，用来固定受力筋的位置。

(5) 构造筋：因构件的构造要求和施工安装需要配置的钢筋。

为了加强钢筋与混凝土的黏结力，Ⅰ级(光圆)钢筋的两端都要做成弯钩，如图中梁内上部架立筋端部的半圆形弯钩、箍筋端部的45°斜弯钩和板内上部构造筋端部的直角弯钩等。Ⅱ级或Ⅱ级以上钢筋，由于钢筋表面带有凹凸纹，故两端不必做弯钩。

4．钢筋的一般表示方法

在构件中，钢筋不仅种类和级别不同，而且形状也不相同。钢筋的一般表示方法应符合表8-2的规定。

5．在钢筋混凝土结构图中，钢筋的画法要符合表8-3的规定。

一般钢筋图例   表8-2

序号	名称	图例	说明
1	钢筋横断面	●	
2	无弯钩的钢筋端部		下图表示长、短钢筋投影重叠时，短钢筋的端部用45°斜划线表示
3	带半圆形弯钩的钢筋端部		
4	带直钩的钢筋端部		
5	带丝扣的钢筋端部		
6	无弯钩的钢筋搭接		
7	带半圆弯钩的钢筋搭接		
8	带直钩的钢筋搭接		
9	花篮螺丝钢筋接头	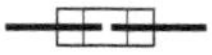	
10	机械连接的钢筋接头		用文字说明机械连接的方式(或冷挤压或锥螺纹等)

钢 筋 的 画 法　　　　　　　　　　　　　　　　　表8-3

序号	说　　明	图　　例
1	在结构平面图中配置双层钢筋时,底层钢筋的弯钩应向上或向左,顶层钢筋的弯钩则向下或向右	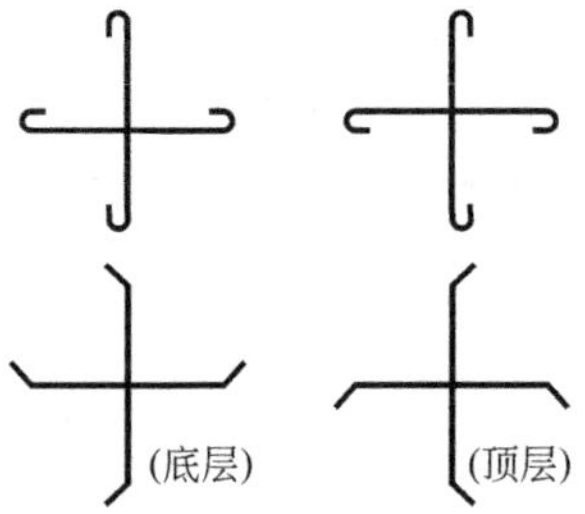 （底层）　　（顶层）
2	钢筋混凝土墙体配双层钢筋时,在配筋立面图中,远面钢筋的拉钩应向上或向左,而近面钢筋的弯钩则向下或向右(JM近面；YM远面)	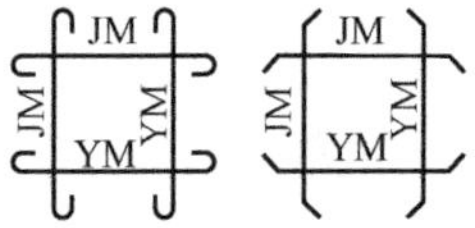
3	若在断面图中不能表示清楚钢筋布置,应在断面图外增加钢筋大样图(如：钢筋混凝土墙、楼梯等)	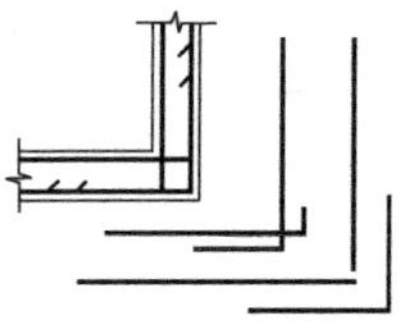
4	图中所表示的箍筋、环筋等若布置复杂时,可加画钢筋大样及说明	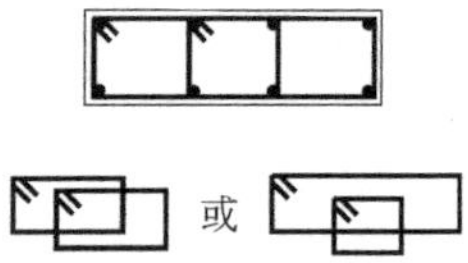
5	每组相同的钢筋、箍筋或环筋,可用一根粗实线表示,同时用一两端带斜短画线的横穿细线,表示其余钢筋及起止范围	

6. 钢筋的尺寸注法

钢筋的尺寸采用引出线方式标注,有两种用于不同情况的标注形式：

(1) 标注钢筋的根数和直径,如梁、柱内的受力筋和梁内的架力筋,见图8-5。

(2) 标注钢筋的直径和相邻钢筋的中心距,如梁、柱内的箍筋和板内的各种钢筋：

图 8-5　钢筋的标注(一)　　　　图 8-6　钢筋的标注(二)

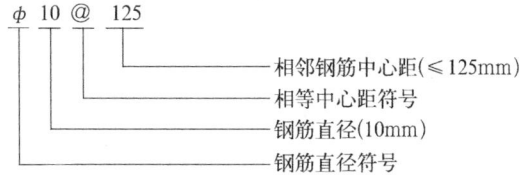

7. 钢筋在平面图中的配置应按图8-7所示的方法表示。当钢筋标注的位置不够时,可采用引出线标注。引出线标注钢筋的斜短画线应为中实线或细实线。

8. 钢筋在立面、断面图中的配置,应按图8-8所示的方法表示。

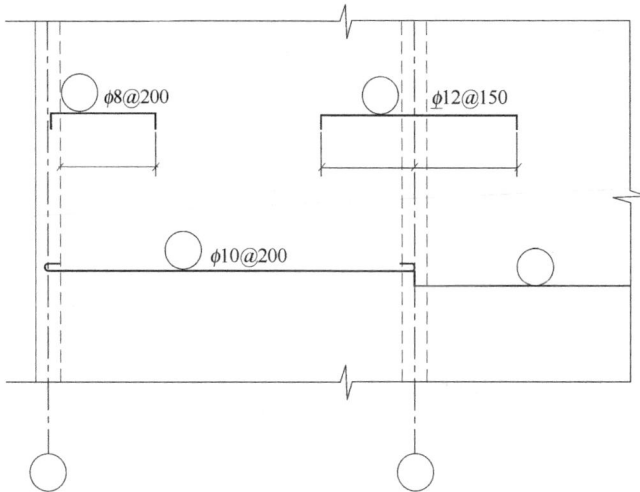

图 8-7　钢筋在平面图中的表示方法

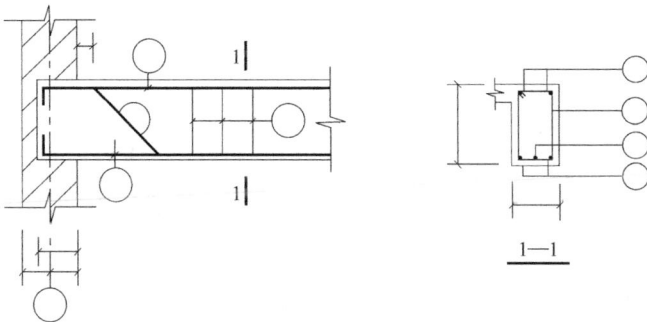

图 8-8　梁的配筋图

9. 构件配筋图中箍筋的长度尺寸,应指箍筋的里皮尺寸,弯起钢筋的高度尺寸应指钢筋的外皮尺寸,如图 8-9 所示。

8.2.2 钢筋的简化表示方法

1. 钢筋混凝土构件配筋较简单时,可按下列规定绘制配筋平面图:

(1) 独立基础在平面模板图左下角,绘出波浪线,绘出钢筋并标注钢筋的直径、间距等(图 8-10a)。

(2) 其他构件可在某一部位绘出波浪线,绘出钢筋并标注钢筋的直径、间距等(图 8-10b)。

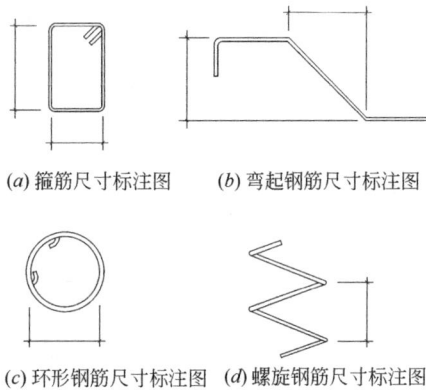

(a) 箍筋尺寸标注图　　(b) 弯起钢筋尺寸标注图

(c) 环形钢筋尺寸标注图　(d) 螺旋钢筋尺寸标注图

图 8-9　钢箍尺寸标注法

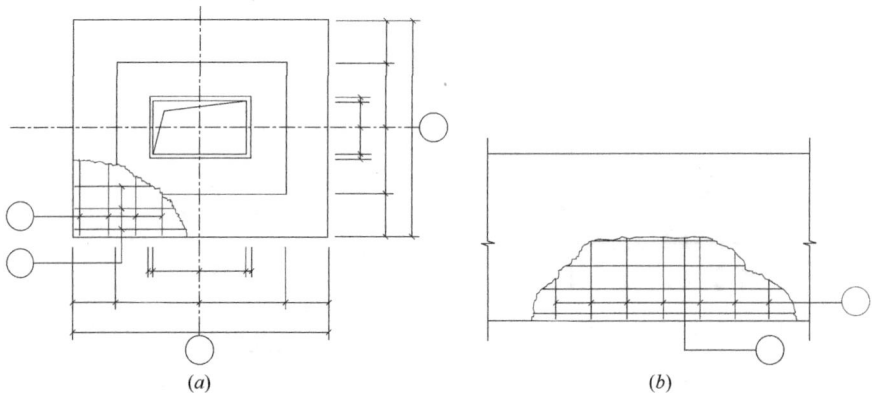

(a)　　　　　　　　　　(b)

图 8-10　配筋简化图

2．对称的钢筋混凝土构件，可在同一图样中一半表示模板，另一半表示配筋，如图 8-11 所示。

8.2.3 预埋件、预留孔洞的表示方法

1．在混凝土构件上设置预埋件时，可在平面图或立面图上表示。引出线指向预埋件，并标注预埋件的代号，如图 8-12 所示。

2．在混凝土构件的正、反面同一位置均设置相同的预埋件时，引出线为一条实线和一条虚线并指向预埋件，同时在引出横线上标注预埋件的数量及代号(见图 8-13)；当在混凝土构件的正、反面同一位置设置编号不同的预埋件时，引出线为一条实线和一条虚线并指向预埋件,引出横线上标注正面预埋件代号,引出横线下标注反面预埋件代号(图 8-14)。

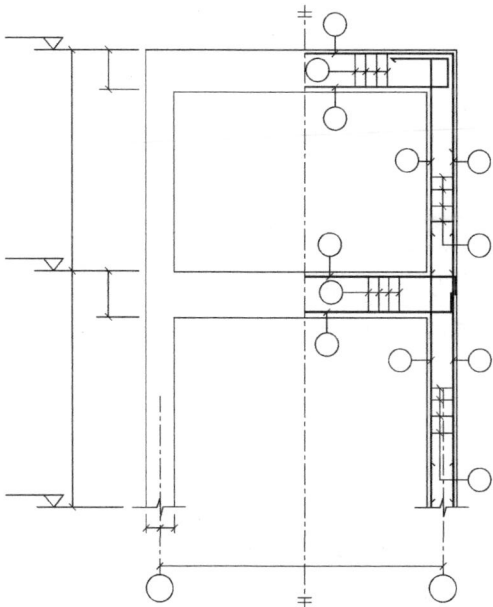

图 8-11　配筋简化图

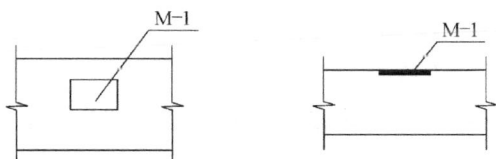

图 8-12　预埋件的表示方法

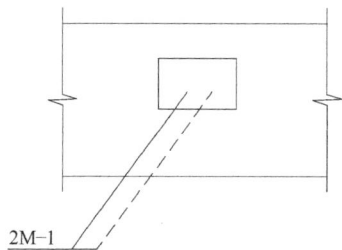

图 8-13　同一位置正、反面预埋件均
相同的表示方法

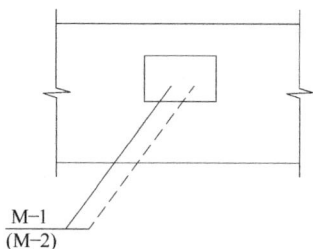

图 8-14　同一位置正、反面预埋件不相
同的表示方法

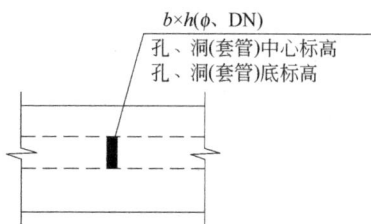

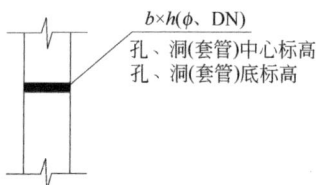

图 8-15　预留孔、洞及预埋套管的表示方法

3. 在构件上设置预留孔、洞或预埋套管时，可在平面或断面图中表示。引出线指向预留(埋)位置，引出横线上方标注预留孔、洞的尺寸，预埋套管的外径，横线下方标注孔、洞(套管)的中心标高或底标高(见图 8-15)。

8.3　钢结构

钢结构的基本知识

钢结构是由各种型钢和钢板连接而成的承重结构。由于钢结构承载能力大，所以，在房屋建筑中主要用于厂房、高层建筑和大跨度建筑。常见的钢结构构件有屋架、檩条、支撑、梁、柱等，此外，钢架、大跨度的网架和悬索结构以及高耸的塔桅结构等也常采用钢结构。

钢结构构件的连接方法一般采用焊接和螺栓连接。焊接是目前钢结构中主要的连接方法，它的优点是不削弱杆件截面、构造简单和施工方便。螺栓连接主要用于钢结构的安装和拼接部分的连接以及可拆装的结构中，它的优点是拆装和操作简便。

常用的型钢有等边角钢、不等边角钢、工字钢、槽钢、扁钢和钢管等，它们的截面符号见表 8-4。

常用型钢的标注方法   表 8—4

序号	名　称	截　面	标　注	说　明
1	等边角钢	⌐	⌐ $b \times t$	b 为肢宽 t 为肢厚
2	不等边角钢	B ⌐	⌐ $B \times b \times t$	B 为长肢宽 b 为短肢宽 t 为肢厚
3	工 字 钢	I	I N Q N	轻型工字钢加注 Q 字 N 工字钢的型号
4	槽　　钢	[	[N Q [N	轻型槽钢加注 Q 字 N 槽钢的型号
5	方　　钢	b	□ b	
6	扁　　钢	b	—— $b \times t$	
7	钢　　板	▬	$\dfrac{-b \times t}{L}$	宽×厚 板长
8	圆　　钢	⊘	$\phi\ d$	

8.4　木结构

常用断面表示方法见表 8—5。

常用木构件断面的表示方法   表 8—5

序号	名　称	图　例	说　明
1	圆　木	ϕ或d	1. 木材的断面图均应画出横纹线或顺纹线； 2. 立面图一般不画木纹线，但木键的立面图均须画出木纹线
2	半圆木	1/2ϕ或d	

续表

序号	名　称	图　例	说　明
3	方　木	$b \times h$	1．木材的断面图均应画出横纹线或顺纹线；
4	木　板	$b \times h$或h	2．立面图一般不画木纹线，但木键的立面图均须画出木纹线

8.5　基础施工图

　　基础是建筑物最下面、埋在土中的承重构件，是建筑物的组成部分，它将上部所有的荷载传给地层。为了降低地层单位面积上所受到的压力，通常就把基础的下端部分扩大以增大与地层相接触的面积，这个承受着建筑物荷载的土层就是地基，它不是建筑物的组成部分。

　　混合结构民用建筑的基础，按其构造形式一般可分为墙下条形基础和柱下独立基础；若按所用的材料不同，又可分为砖基础、条石基础、毛石基础、混凝土基础和钢筋混凝土基础。

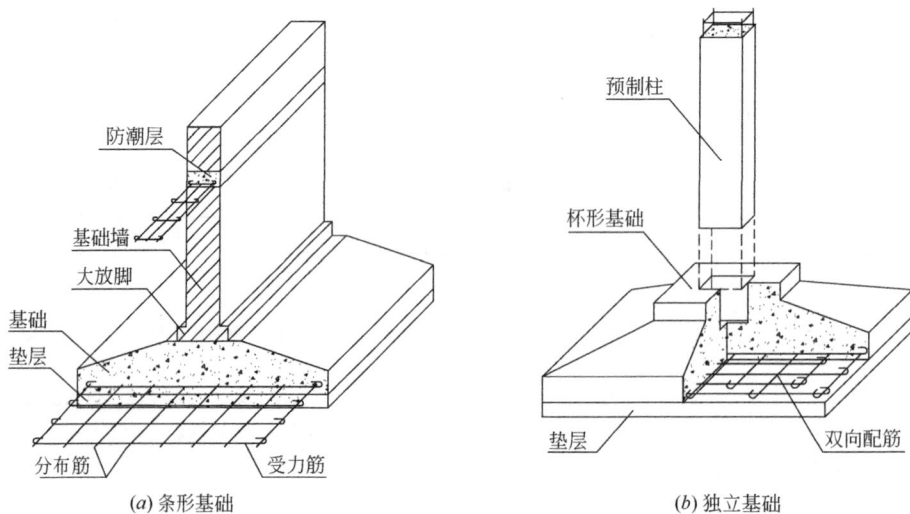

(a) 条形基础　　　　　　　　(b) 独立基础

图 8-16　基础的结构形式与构造

基础的大小、用材、埋置深度及其他构造措施，需由结构设计确定，然后用基础施工图反映出来。基础施工图一般包括基础平面图、基础断面详图和文字说明三部分，尽量将这三部分内容编排在同一张图纸上，以便看图。

下面以前面章节中的别墅，举其基础(条形基础)施工图为例来说明基础施工图的一些内容和图示特点。

8.5.1 基础平面图

基础平面图是由假想的一个水平剖切平面沿室内地面将建筑全部切开，并将平面上部的建筑移去，将平面下部的建筑向下投影所形成的，此时，将回填土看成是透明体，能够看到基础下部最宽的部分。基础平面图主要表示基础的平面布置情况及基础、墙或柱相对于轴线的位置关系(见图8-17)。

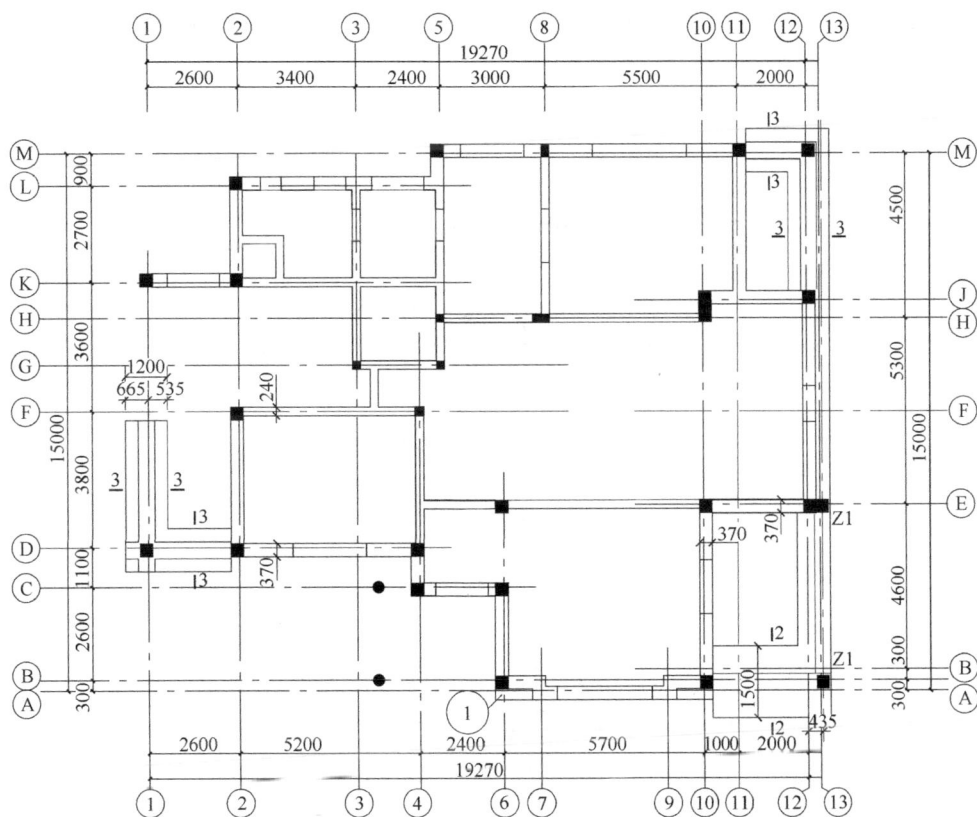

图8-17　基础平面图1：100

基础平面图的阅读：

1）注明了图名和比例。

2）基础平面图与建筑平面图的定位轴线和轴线编号都完全一致，并标注了两道尺寸，即：各轴线间尺寸和建筑两端轴线的尺寸。

3）从图可看出该别墅为条形基础。标注出了不同宽度的内、外墙、基础底部的尺寸以及墙身、基础与轴线之间的关系尺寸。该别墅中基础宽度有1200宽和1500宽两种，墙体也有37墙和24墙两种。

4）标注出了基础平面图中断面图的剖切线及编号。

8.5.2　基础断面详图

基础平面图必须与基础断面详图结合才能完全反映出基础的全貌。

基础断面详图是用假想的剖切平面垂直于基础轴线进行剖切，主要表示基础的断面形状、大小、标高、材料及构造做法等（见图8-18），它应与基础平面图中的剖切符号相对应。

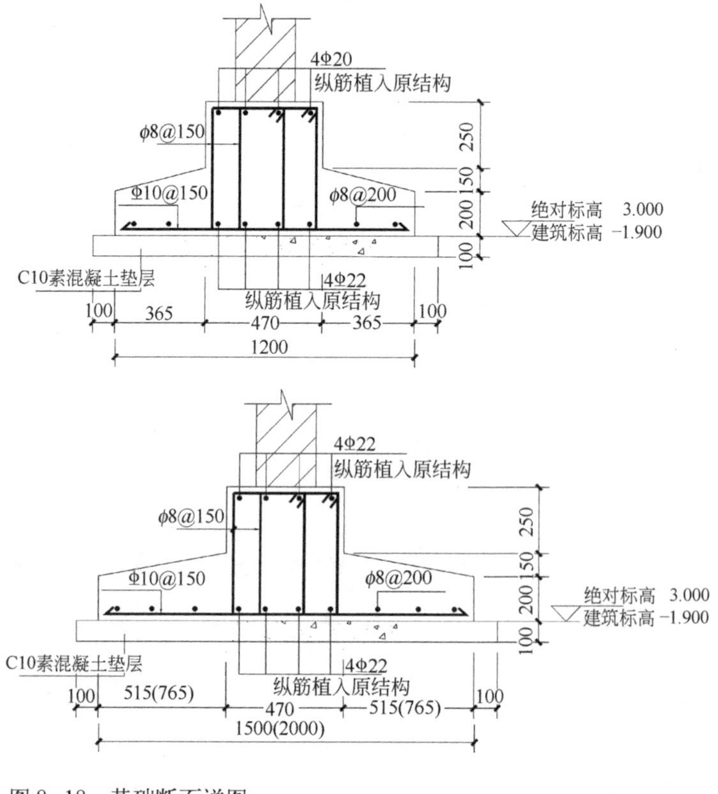

图8-18　基础断面详图

基础断面详图的阅读：

1）表示了基础断面的形状、大小、材料等。

2）标注了基础断面的上下底面和室内外地面的标高。

3）表示了防潮层的位置。

8.6 结构布置平面图

结构布置平面图是表示建筑各层承重结构布置的图样(见图8-19)。民用建筑有楼层结构布置平面图和屋顶结构布置平面图。

钢筋混凝土楼层按施工方法一般可分为装配式(预制)和整体式(现浇)两类。

1）所谓装配式,是指将预制厂成批生产好了的构件运送到施工现场进行连接安装的一种施工方法,它具有施工速度快、节约劳动力、降低造价、便于工业化生产和机械化施工等优点。

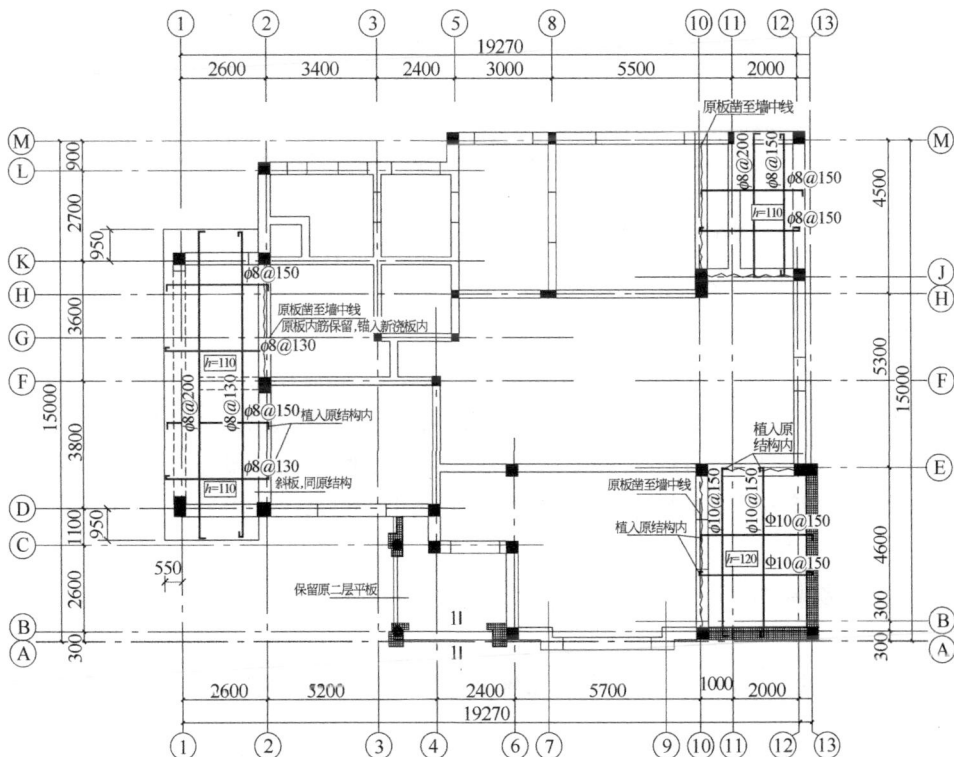

图8-19 二层结构布置平面图 1∶100
注：本图是住宅二层结构加固的图纸

2) 整体式钢筋混凝土楼板由板、次梁和主梁构成,三者经现场浇灌连成一个整体。该楼板整体性好,刚度大,利于抗震,梁板布置灵活,能适应各种不规则形状和特殊要求的建筑,但模板材料的耗用量大,现场浇灌工作量大,施工速度较慢。

1. 梁

在结构布置平面图中,梁用轮廓线表示(可见时,用单粗实线表示,不可见时,用单粗虚线表示),并应注明构件的代号及编号。梁的代号用"L"表示,梁的标注方法见图 8-20:

2. 门窗过梁

门窗过梁是位于门窗洞口上边的钢筋混凝土梁,它将门窗洞口上部墙体的重量及可能有的梁、板荷载传递到洞口两侧的墙上。在构件布置平面图中,所表示的是下一楼层的门窗过梁,其标注方法如图 8-21:

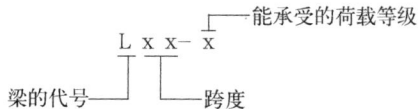

图 8-20　梁的标注

图 8-21　过梁的标注

3. 圈梁

砖混结构的建筑由于承重墙是由小块的砖砌成,整体刚度差,为了提高建筑的整体刚度,也为了增加建筑的抗震能力,特在砖混结构建筑中设置钢筋混凝土圈梁或钢筋砖圈梁。圈梁常沿部分墙体连通设置,并处于同一高度。

8.7　楼梯结构图

楼梯结构施工图一般由楼梯构件布置平面图、剖面图和构件详图所组成。

1. 楼梯构件布置平面图

楼梯构件布置平面图主要反映梯段、楼梯横梁及平台板等构件的平面位置,所以图中要标出墙身轴线号及楼梯的开间、梯段长度和平台宽度等主要尺寸,要写出各构件的代号。

楼梯构件布置平面图应分层画出。当中间几层的结构布置和构件类型完全相同时，则可画一个标准层结构布置平面图即可，一般底层与其他各层不尽相同，所以底层需单独画出。

2．楼梯结构剖面图

楼梯的结构剖面图是表示楼梯间的各种构件的竖向布置和构造情况的图样，由楼梯构件布置平面图中所画出的1—1剖切线及剖视方向得到楼梯1—1结构剖面图，它表明了剖到的梯段、楼梯横梁、平台板、楼梯基础墙、室内踏步和室内外地面以及未剖切到的梯段的外形和位置。

在楼梯结构剖面图中，应标注出轴线编号及尺寸、梯段的外形尺寸和层高尺寸以及室内、外地面、楼梯平台板上表面和楼梯横梁底面的结构标高等(见图8-23)。

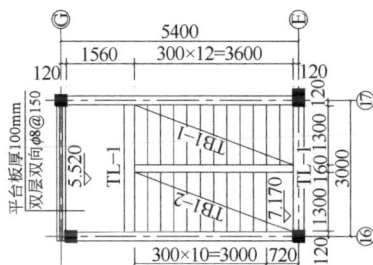

图8-22　楼梯结构平面图

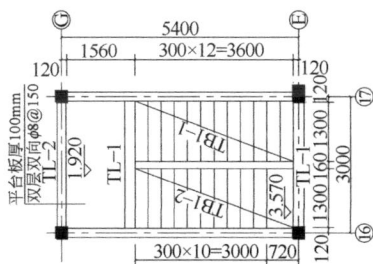

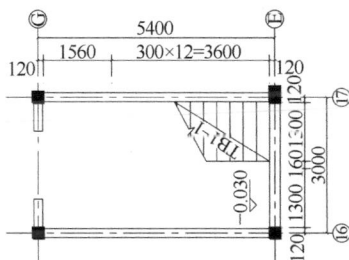

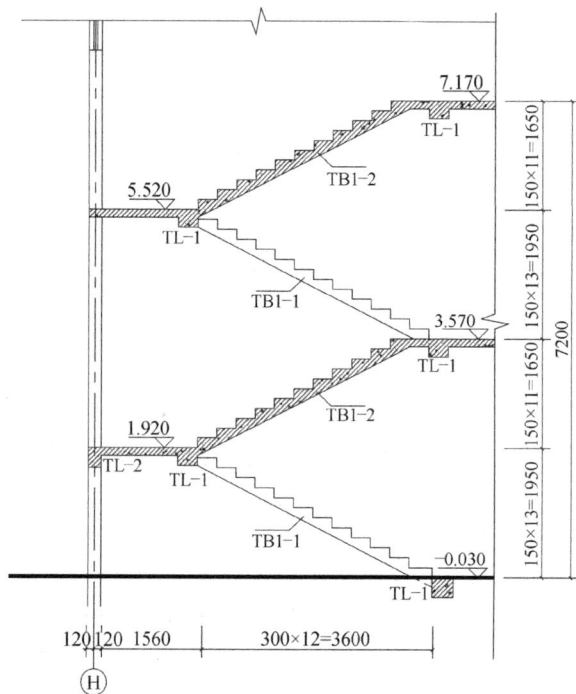

图 8-23 楼梯结构剖面图

3．楼梯构件详图

楼梯构件详图的表示方法与前述钢筋混凝土梁、板详图的表示方法基本相同，主要是表示构件内的钢筋配置情况(见图 8-24)。

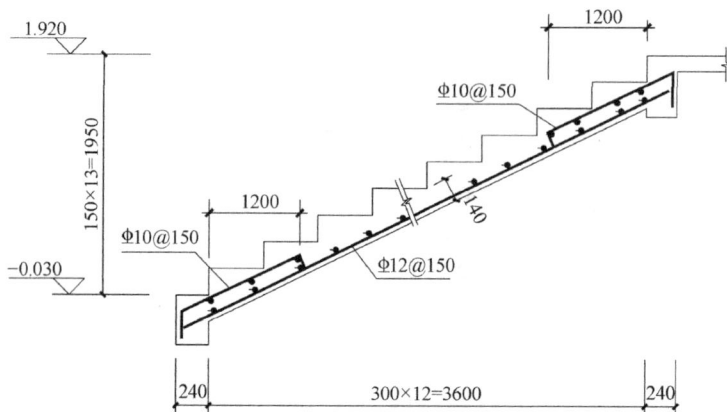

图 8-24 TB1—1

未注明分布筋为 $\phi6@200$

第9章
给水排水工程制图

9.1 给水排水工程概述

9.1.1 给水排水工程及给水排水工程图

1. 给水排水工程

给水排水工程是为了解决生产、生活、消防的用水和排水、处理污水及废水等这些基本问题所必须的城市建设工程，它通过自来水厂、给水管网、排水管网及污水处理厂等市政、环保设施，来满足城市建设、工业生产及人民生活的需要。一般包括给水工程、排水工程以及建筑给水排水工程，也可以说包括水输送、水处理和建筑给水排水三方面(见图9-1)。

2. 给水排水工程图

给水排水工程图，是表达给水、排水及建筑给水排水若干工程设施的形状、大小、位置、材料以及有关技术要求等内容的图样，是给水排水专业技术人员设计思想的载体。

给水排水工程图一般包括基本图和详图，其中基本图包括平面图、高程图、剖(断)面图及轴测图等。

9.1.2 给水排水专业制图的一般规定

给水排水专业制图除遵守《给水排水制图标准》GB/T 50106—2001外，对于图

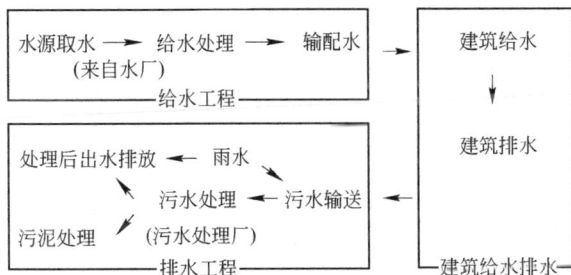

图9-1 城市给水排水工程系统组成的示意图

纸规格、图线、字体、符号、定位轴线及尺寸标注等均应遵守《房屋建筑制图统一标准》GB/T 50001—2001。对于上述标准未作规定的内容，应遵守国家现行的有关标准、规范的规定。

1. 线型

给水排水专业制图线型 表 9-1

名　称	线　型	线　宽	一　般　用　途
粗实线	————	b	新设计的各种排水和其他重力流管线
粗虚线	— — — —	b	新设计的各种排水和其他重力流管线的不可见轮廓线
中粗实线	————	$0.75b$	新设计的各种给水和其他压力流管线、原有的各种排水和其他重力流管线
中粗虚线	— — — —	$0.75b$	新设计的各种给水和其他压力流管线、原有的各种排水和其他重力流管线的不可见轮廓线
中实线	————	$0.50b$	给水排水设备、零(附)件的可见轮廓线，总图中新建的建筑物和构筑物的可见轮廓线，原有的各种给水和其他压力流管线
中虚线	— — — —	$0.50b$	给水排水设备、零(附)件的不可见轮廓线，总图中新建的建筑物和构筑物的不可见轮廓线，原有的各种给水和其他压力流管线的不可见轮廓线
细实线	————	$0.25b$	建筑的可见轮廓线、总图中原有的建筑物和构筑物的可见轮廓线、制图中的各种标注线
细虚线	- - - - - - -	$0.25b$	建筑的不可见轮廓线、总图中原有的建筑物和构筑物的不可见轮廓线
单点长画线	—·—·—	$0.25b$	中心线、定位轴线
折断线	——／\———	$0.25b$	断开界线
波浪线	∿∿∿	$0.25b$	平面图中水面线、局部构造层次范围线、保温范围示意线等

2. 标高

标高符号及一般的标注方法应符合《房屋建筑制图统一标准》GB/T 50001—2001中的相关规定。

1) 室内工程应标注相对标高，室外工程宜标注绝对标高，当无绝对标高资料时，可标注与总图专业一致的相对标高。

2) 在下列部位应标注标高：

(1) 沟渠和重力流管道的起迄点、转角点、连接点、变坡点、变尺寸(管径)点及交叉点；

(2) 压力流管道中的标高控制点；

(3) 管道穿外墙、剪力墙和构筑物的壁及底板等处；

(4) 不同水位线处；

(5) 构筑物和土建部分的相关标高。

3) 标高的标注方法

(1) 平面图中，管道标高应按图9-2的方式标注。

(2) 平面图中，沟渠标高应按图9-3的方式标注。

(3) 剖面图中，管道及水位的标高应按图9-4的方式标注。

(4) 轴测图中，管道标高应按图9-5的方式标注。

(5) 在建筑工程中，管道也可以标注相对本层建筑地面的标高，标注方法为$h+$×.×××，h表示本层建筑地面标高(如$h+0.300$)。

3. 管径

1) 管径应以mm为单位。

图9-2 平面图中管道标高标注法

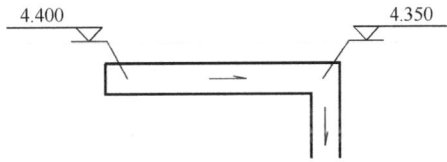

图9-3 平面图中沟渠标高标注法

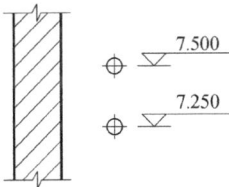

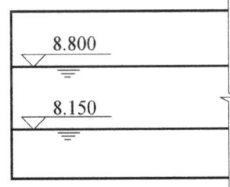

图9-4 剖面图中管道及水位的标高标注法

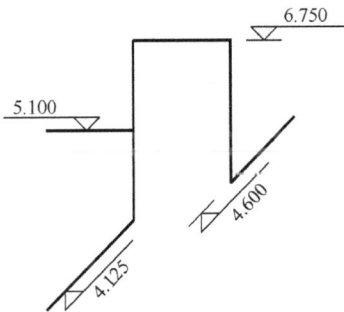

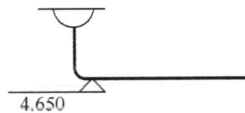

图9-5 轴测图中管道标高标注法

2) 管径的表达方式应符合表9-2规定。

管 径 的 表 达 表 9-2

管径表达 方式	宜以公称 直径表示	宜以外径 $D\times$ 壁厚表示	宜以内径 d表示	宜按产品标准的 方法表示
适用管材	水、煤气输送钢 管(镀锌或非镀锌)、 铸铁管等	无缝钢管、焊接 钢管(直缝或螺旋 缝)、铜管、不锈钢 管等	钢筋混凝土(或 混凝土)管、陶土 管、耐酸陶瓷管、缸 瓦管	塑料管
标注举例	$DN15$、$DN50$	$D108\times4$、 $D159\times4.5$	$d230$、$d380$	

注: 1. 公称直径 DN，它是工程界对各种管道、附件大小的公认称呼。对普通压力铸铁管和某些阀
门的 DN 为其内径；对普通压力钢管的 DN 却比其内径略小些。
　　2. 当设计均用公称直径 DN 表示管径时，应有公称直径 DN 与相应产品规格对照表。

3) 管径的标注方法

(1) 单根管道时，管径应按图9-6的方式标注。

(2) 多根管道时，管径应按图9-7的方式标注。

$DN20$

图 9-6　单管管径表示法

4．代号、编号

1) 引入管和排出管

当建筑物的给水引入管或排水排出管的数量超过1根时，宜进行编号。代号应以
第一个汉语拼音字母表示，并用阿拉伯数字进行编号(见图9-8)。

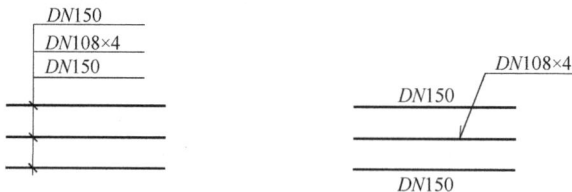

图 9-7　多管管径表示法

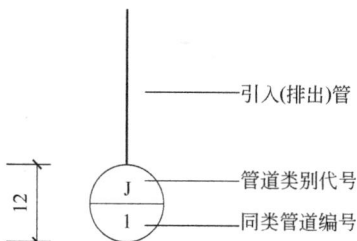

图 9-8　给水引入(排水排出)管编号表示法

2) 立管

建筑物内穿越楼层的立管,其数量超过 1 根时宜进行编号(见图 9-9)。

3) 在总平面图中,当给排水附属构筑物的数量超过 1 个时,宜进行编号。

(1) 编号方法为:构筑物代号——编号;

(2) 给水构筑物的编号顺序宜为:从水源到干管,再从干管到支管,最后到用户;

(3) 排水构筑物的编号顺序宜为:从上游到下游,先干管后支管。

(4) 当给排水机电设备的数量超过 1 台时,宜进行编号,并应有设备编号与设备名称对照表。

5. 图样画法

1) 总平面图的画法应符合下列规定:

(1) 建筑物、构筑物、道路的形状、编号、坐标、标高等应与总图专业图纸一致。

(2) 给水、排水、雨水、热水、消防和中水等管道宜绘制在一张图纸上,如管道种类较多、地形复杂,在同一张图纸上表示不清楚时,可按不同管道种类分别绘制。

(3) 应按国家标准规定的图例绘制各类管道、阀门井、消火栓井、洒水栓井、检查井、跌水井、水封井、雨水口、化粪池、隔油池、降温池、水表井等,并按国家标准规定进行编号。

(4) 绘出城市同类管道及连接点的位置、连接点井号、管径、标高、坐标及流水方向。

(5) 绘出各建筑物、构筑物的引入管、排出管,并标注出位置尺寸。

(6) 图上应注明各类管道的管径、坐标或定位尺寸。

① 用坐标时,标注管道弯转点(井)等处坐标,构筑物标注中心或两对角处坐标;

② 用控制尺寸时,以建筑物外墙或轴线,或道路中心线为定位起始基线。

(7) 仅有本专业管道的单体建筑物局部总平面图,可从阀门井、检查井绘引出线,线上标注井盖标高,线下标注管底或管中心标高。

(8) 图面的右上角应绘制风玫瑰图,如无污染源时可绘制指北针。

2) 给水管道节点图应按下列规定绘制:

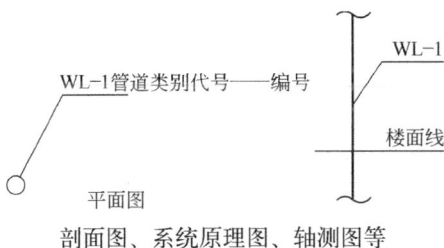

图 9-9 立管编号表示法

(1) 管道节点位置、编号应与总平面图一致，但可不按比例示意绘制。

(2) 管道应注明管径、管长。

(3) 节点应绘制所包括的平面形状和大小、阀门、管件、连接方式、管径及定位尺寸。

(4) 必要时，阀门井节点应绘制剖面示意图。

6. 系统图

系统图，也称"轴测图"，其绘法取水平、轴测、垂直方向，完全与平面布置图的比例相同。系统图上应表明管道的管径、坡度，标出支管与立管的连接处，以及管道各种附件的安装标高。标高的应与建筑图一致。系统图上各种立管的编号，应与平面布置图相一致。系统图均应按给水、排水、热水供应等各系统单独绘制，以便于施工安装和预算。系统图中对用水设备及卫生器具的种类、数量和位置完全相同的支管、立管，可不重复完全绘出，但要用文字说明。当系统图立管、支管在轴测方向重复交叉影响识图时，可编号断开并在图面空白处绘制，见图9-10、图9-11。

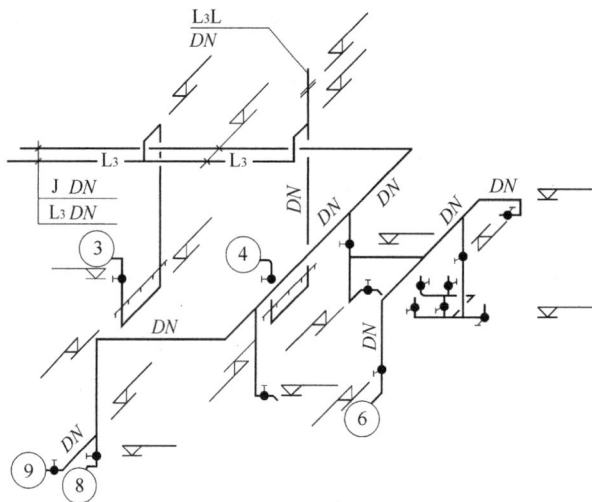

图9-10　给水系统图画法示意

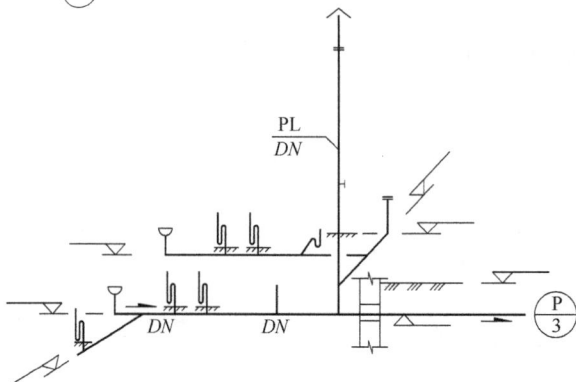

图9-11　排水系统图画法示意

7. 图例

《给水排水制图标准》GB/T 50106—2001 将管道、管道附件、管道连接、管件、阀门、给水配件、消防设施、卫生设备及水池、小型给水排水构筑物、给水排水设备以及仪表的图例均分项列出，表 9-3 仅摘录部分内容，以便画图、读图参考。

图　例　　　　　　　　　　　　　表 9-3

类 别	序号	名　称	图　例	备　注
管道图例	1	生活给水管	——— J ———	
	2	热水给水管	——— RJ ———	
	3	蒸汽管	——— Z ———	
	4	通气管	——— T ———	
	5	污水管	——— W ———	
	6	压力污水管	——— YW ———	
	7	雨水管	——— Y ———	
	8	地沟管		
	9	防护套管		
	10	管道立管	XL-1　　XL-1 平面　　系统	X:管道类别 L:立管 1:编号
	11	空调凝结水管	——— KN ———	

类别	序号	名　　称	图　　例	备　　注
管道图例	12	排水明沟	坡向 ———	
	13	排水暗沟	坡向 - - - -	
消防设施	1	消火栓给水管	—— XH ——	
	2	自动喷水灭火给水管	—— ZP ——	
	3	室外消火栓		
	4	室内消火栓(单口)	平面　　　系统	白色为开启面
	5	室内消火栓(双口)	平面　　　系统	
	6	水泵接合器		
	7	自动喷洒头(开式)	平面　　　系统	
	8	自动喷洒头(闭式)	平面　　　系统	下喷
	9	自动喷洒头(闭式)	平面　　　系统	上喷

续表

类 别	序号	名 称	图 例	备 注
消防设施	10	自动喷洒头(闭式)	平面 ●　系统	上下喷
	11	侧墙式自动喷洒头	平面 ○　系统	
	12	侧喷式喷洒头	平面 　系统	
	13	雨淋灭火给水管	—— YL ——	
	14	水幕灭火给水管	—— SM ——	
	15	水炮灭火给水管	—— SP ——	
	16	干式报警阀	平面 ◎　系统	
	17	水炮		
	18	湿式报警阀	平面 ●　系统	
卫生设备及水池	1	立式洗脸盆		
	2	台式洗脸盆		

续表

类　别	序号	名　　称	图　　例	备　　注
卫生设备及水池	3	挂式洗脸盆		
	4	浴盆		
	5	化验盆、洗涤盆		
	6	带沥水板洗涤盆		不锈钢制品
	7	盥洗槽		
	8	污水池		
	9	妇女卫生盆		
	10	立式小便器		
	11	壁挂式小便器		
	12	蹲式大便器		
	13	坐式大便器		

续表

类别	序号	名 称	图 例	备 注
卫生设备及水池	14	小便槽		
	15	淋浴喷头		

9.2 给水排水施工图

建筑给水排水施工图是建筑设备施工图(设施图)中的一部分。建筑设备通常指安装在建筑物内的给水排水管道、电气线路、燃气管道、采暖通风空调等管道,以及相应的设施、装置。它们服务于建筑物,但不属于其土木建筑部分。所以建筑设备施工图是根据已有的相应建筑施工图来绘制的。建筑给水排水包括建筑给水和建筑排水,建筑给水排水施工图简称"水施图"。它一般由给水排水平面图和给水排水系统原理图或者给水排水平面放大图和给水轴测图、排水轴测图及必要的详图和设计说明组成。

1. 建筑给水

民用建筑给水通常分生活给水系统和消防给水系统。一般民用建筑如住宅、办公楼可将二者合并为生活—消防给水系统。

(1) 引入管

引入管又称进户管,从室外供水管网接出,一般穿过建筑物基础或外墙,引入建筑物内的给水连接管段。每条引入管应有不小于3‰的坡度坡向室外供水管网,并应安装阀门,必要时需设泄水装置,以便管网检修时放水用。通常应依据室外供水管网的情况,尽量在房屋用水较集中处附近设引入管。

(2) 配水管网和水池、水箱及加压装置

配水管网即将引入管送来的给水输送给建筑物内各用水点的若干管道,包括水平干管、给水立管和支管。

不同的给水方式,有不同的配水管网。一般有下行上给直接供水(水平干管敷设在底层地面以下,通过立管有下往上依次输水。适用于楼层不高,供水管网的水压、水量可以满足使用要求的情况)、上行下给水箱或水池供水(用水泵等加压装置给屋顶上的

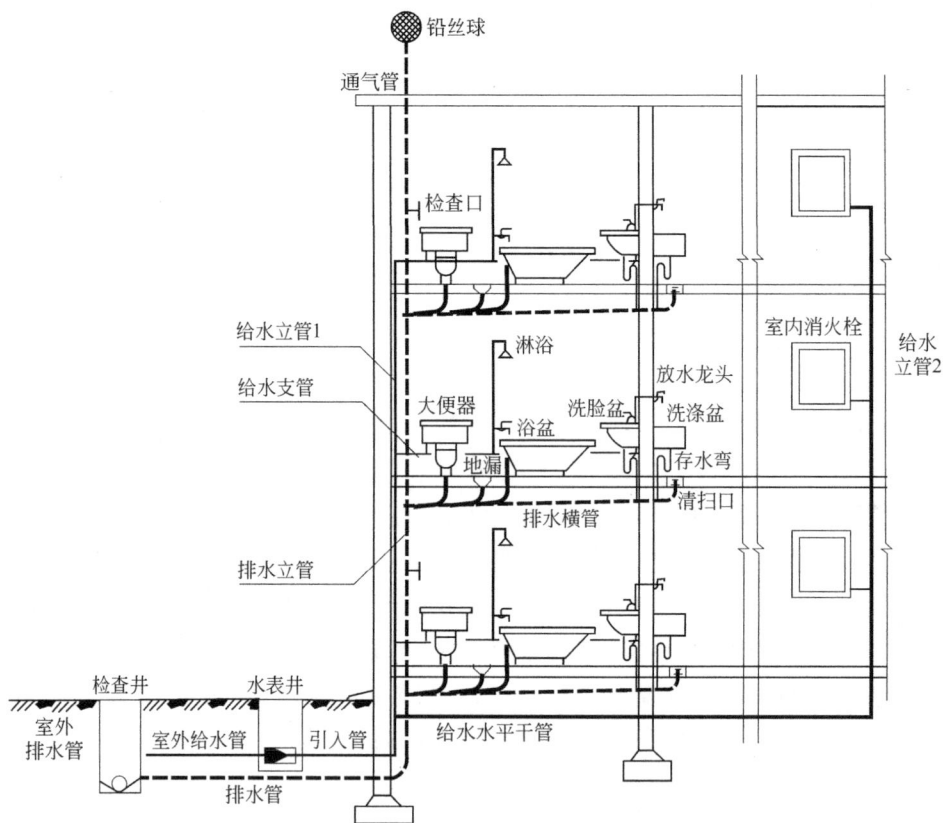

图9-12 建筑给水排水系统组成示意图

高位水箱或水池充水，水平干管敷设在顶层或吊顶内，通过立管由上往下依次输水。适用于供水管网的水压、流量经常或间断不足，不能满足建筑给水要求的情况)及分区供水(能满足建筑给水使用要求的下面几层用下行上给直接供水，不能满足建筑给水使用要求的上面几层采用上行下给水池或水箱供水)等方式。

给水立管通常设在靠近用水量较大的房间、用水点。管道一般沿墙、柱直线敷设，并须满足使用、施工及检修的要求。

(3) 配水器具

配水器具包括与配水管网相接的各种阀门、给水配件(放水龙头、皮带龙头等)及消防设施(室内消火栓及各种自动喷洒头等)。一般按建筑设计的要求来确定。

(4) 水表节点

水表用来记录用水量。根据具体情况可在每个用户、每个单元、每幢建筑物或一个住宅区内设置水表。需单独计算用水量的建筑物，水表应安装在引入管上，并装设检修阀门、旁通管、泄水装置等。通常把水表及这些设施统称水表节点，室外水表节点应设置在水表井内。

2. 建筑排水

民用建筑排水主要是排出生活废水、生活污水及屋面雨、雪水。为中水利用，建筑排水将生活废水、生活污水及屋面雨、雪水分流排出，谓之分流制。目前较简单的民用建筑，如一般的住宅、办公楼等仍将生活污水、生活废水合流排出，雨水管单独设置，通常称其为合流制。现以排出生活污水为例，说明建筑排水系统的主要组成。

1) 卫生设备及水池、地漏等排水泄水口

2) 排水管道及附件

(1) 存水弯(水封段)，存水弯的水封将隔绝和防止有害、易燃气体及虫类通过卫生设备泄水口侵入室内。常用的管式存水弯有：N(S)形和 P 形。

(2) 连接管，连接管即连接卫生设备及地漏等泄水口与排水横支管的短管(除坐式大便器、中罩式地漏等外，均包括存水弯)，亦称卫生设备排水管。

(3) 排水横支管，排水横支管接纳连接管的排水并将排水转送到排水立管，且坡向排水立管。若与大便器连接管相接，排水横支管管径应不小于100mm，坡向排水立管的标准坡度为2%。

(4) 排水立管，排水立管即接纳排水横支管转输来的排水，并转送到排水排出管(有时送到排水横干管)的竖直管段，其管径不能小于所连横支管管径，不能小于$DN50$。

(5) 排出管，排出管是将排水立管或排水横干管送来的建筑排水，排入室外检查井(窨井)并坡向检查井的横管，其管径应大于或等于排水立管(或排水横干管)的管径，坡度为1%到3%，最大坡度不宜大于15%，在条件允许的情况下，尽可能取高限，以利尽快排水。

(6) 检查井，建筑排水检查井在室内排水排出管与室外排水管的连接处设置，将室内排水安全地输至室外排水管道中。

(7) 通气管，通气管通常指顶层检查口以上的立管管段。它排出有害气体，并向排水管网补充新鲜空气，利于水流畅通，保护存水弯水封，其管径一般与排水立管相同。通气管高出屋面的高度不小于300mm，同时必须大于屋面最大积雪厚度。

(8) 管道检查、清堵装置(如清扫口、检查口)。清扫口为单向清通的管道维修口，常用于排水横管上。检查口则为双向清通的管道维修口，立管上两检查口之间的距离不大于10m，通常每隔一层设一个检查口，但底层和顶层必须设置检查口，其中心离相应楼(地)面一般为1.00m，应高出该层卫生器具上边缘0.15m。

9.3 给水排水平面图

(1) 绘出与给水排水、消防给水管道布置有关各层的平面，内容包括主要轴线编号、房间名称、用水点位置，注明各种管道系统编号或图例。

(2) 绘出给水排水、消防给水管道平面布置、立管位置及编号。

(3) 当采用展开系统原理图时，应标注管道管径、标高(给水管安装高度变化处，应在变化处用符号表示清楚)，并分别标出标高(排水横管应标注管道终点标高)，管道密集处应在该平面图中画横断面图将管道布置定位表示清楚。

(4) 底层平面应注明引入管、排出管、水泵接合器等于建筑物的定位尺寸、穿建筑外墙管道的标高、防水套管形式等，还应绘出指北针。

(5) 标出各楼层建筑平面标高(如卫生设备间平面标高有不同时，应另加注)、灭火器放置地点。

(6) 若管道种类较多，在一张图纸上表示不清楚时，可分别绘制给排水平面图和消防给水平面图。

(7) 对于给排水设备及管道较多处，如泵房、水池、水箱间、热交换器站、引水间、卫生间、水处理间、报警阀门、气体消防贮瓶间等，当上述平面不能交待清楚时，应绘出局部放大平面图。

9.4 给水排水系统原理图和轴测图

(1) 对于给水排水系统和消防给水系统，一般宜按比例分别绘出各种管道系统轴测图。图中标明管道走向、管径、仪表及阀门、控制点标高和管道坡度(设计说明中已交代者，图中可不标注管道坡度)、各系统编号、各楼层卫生设备和工艺用水设备的连接点位置。如各层(或某几层)卫生设备及用水点接管(分支管段)情况完全相同时，在系统轴测图上可只绘一个有代表性楼层的接管图，其他各层注明同该层即可。复杂的连接点应局部放大绘制。在系统轴测图上，应注明建筑楼层标高、层数、室内外建筑平面标高差。卫生间管道应绘制轴测图。

(2) 对于用展开系统原理图将设计内容表达清楚的，可绘制展开系统原理图。图中标明立管和横管的管径、立管编号、楼层标高、层数、仪表及阀门、各系统编号、各楼层卫生设备和工艺用水设备的连接，排水管标立管检查口、通风帽等距地(板)高度等。如各层(或某几层)卫生设备及用水点接管(分支管段)情况完全相同时，在展开系统原理图上可只绘一个有代表性楼层的接管图，其他各层注明同该层即可。

（3）当自动喷水灭火系统在平面图中已将管道管径、标高、喷头间距和位置标注清楚时，可简化表示从水流指示器至末端试水装置(试水阀)等阀件之间的管道和喷头。

（4）简单管段在平面上注明管径、坡度、走向、进出水管位置及标高，可不绘制系统图。

第10章
电气工程制图

10.1 阅读建筑电气工程图的一般知识

10.1.1 电气图概念

电气图是用图形符号、带注释的围框、简化外形表示的系统或设备中各部分之间相互关系及其连接关系的一种简图。建筑电气工程图应用非常广泛，用来说明建筑中电气工程的构成和功能，描述电器装置的工作原理，提供安装技术数据和使用维护依据。

10.1.2 建筑电气工程图概念

1．目录、说明、图例、设备材料明细表

图纸目录内容有序号、图纸名称、图纸编号、图纸张数等。

设计说明(施工说明)主要阐述电气工程设计的依据、工程的要求和施工原则、建筑特点、电气安装标准、安装方法、工程等级、工艺要求及有关设计的补充说明等。

图例即图形符号，通常只列出该套图纸涉及到的一些图形符号。

设备材料明细表列出了该电气工程所需要的设备和材料名称、型号、规格和数量，供设计概算和施工预算时参考。

2．电气系统图

电气系统图是表现电气工程的供电方式、电能输送、分配控制关系和设备运行情况的图纸。从电气系统图可看出工程的概况。

3．电气平面图

电气平面图是表示电气设备、装置与线路平面布置的图纸，是进行电气安装的主要依据。电气平面图以建筑总平面图为依据，在图上绘出电气设备、装置及线路的安装位置、敷设方法等。

4．设备布置图

设备布置图是表现各种电气设备和器件的平面与空间的位置、安装方式及其相互关系的图纸。

5．安装接线图

安装接线图又称安装配线图，是用来表示电气设备、电器元件和线路的安装位置、配线方式、接线方式、配线场所特征等的图纸。

6．电气原理图

电气原理图是表现某一电气设备或系统的工作原理的图纸，它是按照各个部分的动作原理采用展开法来绘制的。

7．详图

详图是表现电气工程中设备的某一部分的具体安装要求和做法的图纸。

10.1.3 建筑电气工程图的基本规定

1．图线

绘制电气图所用各种线条统称为图线，常用图线如表10-1：

图　　线　　　　　　　　　　表10-1

图 线 名 称	图 线 形 式	图 线 应 用
粗实线	——————	电气线路、一次线路
细实线	——————	二次线路、一般线路
虚 　线	— — —	屏蔽线、机械连线
点划线	—·—·—	控制线、信号线、图框线
双点划线	—··—··—	辅助围框线、36V以下线路

2．字体

图面上的汉字、字母和数字是图的重要组成部分，因此图中的字体必须符合标准。一般汉字用长仿宋体，字母、数字用直体。图面上字体的大小，应视图幅大小而定，字体的最小高度见表10-2。

字体的最小高度(mm)　　　　　　表10-2

基本图纸幅面	A0	A1	A2	A3	A4
字体最小高度	5	3.5	2.5		

3．比例

大部分电气工程图是不按比例绘制的，某些位置图则按比例绘制或部分按比例绘制。所采用的比例一般为1:10，1:20，1:50，1:100，1:200，1:500。

4．方位

电气平面图一般按上北下南，左西右东来表示建筑物和设备的位置和朝向，但在外电总平面图中都用方位标记(指北针方向)来表示朝向。

5．安装标高

在电气平面图中，电气设备和线路的安装高度是用标高来表示的。标高有绝对标高和相对标高两种表示方法。绝对标高是我国的一种高度表示方法，又称海拔高度。相对标高是选定某一参考面为零点而确定的高度尺寸。建筑工程图上采用的相对标高，一般是选定建筑物室外地平面为 ± 0.000m。

在电气平面图中，还可以选择每一层地平面或楼面为参考面，电气设备和线路安装、敷设位置高度以该层地平面为基准，一般称为敷设标高。

6．定位轴线

电力、照明和电信平面布置图通常是在建筑物平(断)面图上完成的。在建筑平面图上，建筑物都标有定位轴线，一般是在剪力墙、柱、梁等主要承重构件的位置画出轴线，并编上轴线号。

10.1.4 建筑电气工程图的特点

建筑电气工程图的内容主要是系统图、位置图(平面图)、电路图、接线图、端子接线图、设备材料表等。建筑电气工程图不同于建筑图，掌握了它的特点，对阅读建筑电气工程图将会提供很多方便。它主要的特点是：

1) 建筑电气工程图大多采用统一的图形符号，并加注文字符号绘制出来的。

2) 任何电路都必须构成其闭合回路。

3) 电路中的电气设备、元件等，彼此之间都是通过导线将其连接起来。

4) 建筑电气工程施工往往与主题工程(土建工程)及其他安装工程施工相互配合进行。

5) 阅读电气工程图的一个主要目的是用来编制工程预算和施工方案，指导施工，指导设备的维修和管理。

10.1.5 建筑电气工程图的阅读程序

阅读建筑电气工程图，应该按照一定顺序进行阅读，才能比较迅速全面地读懂图纸。一般来说看图的顺序是：

施工说明 ➔ 图例 ➔ 设备材料明细表 ➔ 系统图 ➔ 平面图 ➔ 接线图 ➔ 原理图等。

10.2 电气图形符号和文字符号

10.2.1 电气图形符号和文字符号

电气工程中的设备、元件、装置的连接线很多，结构类型千差万别，按简图形式绘制的电气工程图中元件、设备、装置、线路及其安装方法等都是借用图形符号、文字符号和项目代号来表达的。分析电气工程图,首先要了解和熟悉这些符号的形式、内容、含义以及它们之间的关系。

10.2.2 电气图形符号的形成

电气图形符号包括一般符号、符号要素、限定符号和方框符号。

1．一般符号

一般符号是用以表示一类产品或此类产品特征的一种通常很简单的符号,如电阻、电机、开关、电容等。

2．符号要素

符号要素是一种具有确定意义的简单图形,必须同其他图形组合构成一个设备或概念的完整符号。

3．限定符号

用以提供附加信息的一种加在其他符号上的符号,称为限定符号。

4．方框符号

用以表示元件、设备等的组合及其功能,既不给出元件、设备的细节,也不考虑所有连接的一种简单的图形符号。

10.2.3 电气图形符号

新的《电气图用图形符号》国家标准代号为GB 4728,采用了国家电工委员会(IEC)标准,在国际上具有通用性,有利于对外技术交流。

表10-3节选了部分常用电气符号

常 用 电 气 符 号　　　　　　　　　　　表10-3

序号	名　称	图　例		型号、规格、做法说明	
1	变压器(双绕组)				
2	变电所、配电所	规划的: ○		运行的: ◎	
3	杆上变电所	规划的:		运行的:	
4	移动变电所	规划的:		运行的:	

续表

序号	名　称	图　例	型号、规格、做法说明
5	屏、台、箱、柜一般符号		
6	电力或照明配电箱		
7	照明配电箱		
8	交流配电盘		
9	多种电源配电箱		
10	熔断器一般符号		
11	电铃		
12	防水防尘灯		
13	隔爆灯		
14	跌开式熔断器		
15	多极开关一般符号		
16	开关一般符号		
17	隔离开关		
18	断路器		
19	各种灯具一般符号		

续表

序号	名 称	图 例	型号、规格、做法说明
20	球形灯		
21	天棚灯		
22	荧光灯		
23	弯灯		
24	壁灯		
25	专用电路上的事故照明灯		
26	局部照明灯		
27	投光灯一般符号		
28	单相插座	(1) (2) (3) (4)	(1) 一般(明装)； (2) 密闭(防水)； (3) 防爆； (4) 暗装
29	带保护接点插座(1)	(1) (2) (3) (4)	(1) 带保护接点的插座； (2) 密闭(防水)； (3) 防爆； (4) 暗装

续表

序号	名　　称	图　　例	型号、规格、做法说明
30	单极开关	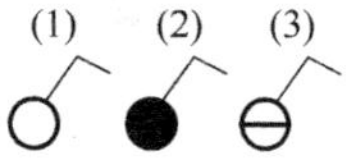 (1)　(2)　(3)	(1) 明装； (2) 暗装； (3) 密闭(防水)
31	双极开关	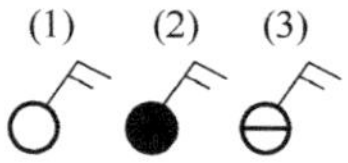 (1)　(2)　(3)	(1) 明装； (2) 暗装； (3) 密闭(防水)
32	拉线开关(单极)		
33	双控开关(单极三线)	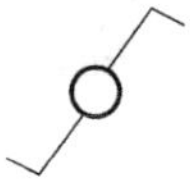	
34	开关一般符号	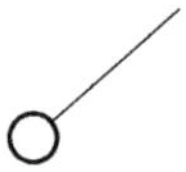	
35	风扇一般符号(示出引线)	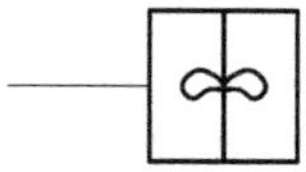	
36	绕组间有屏蔽的双绕组单相变压器	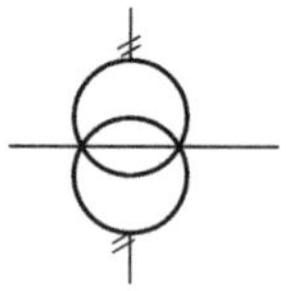	

10.3　工程实例

图10-1、图10-2以某别墅平面电气图为例来说明电气图的阅读。图例说明表中列出的符号为图中使用的。

10.3.1　照明平面图
10.3.2　插座平面图

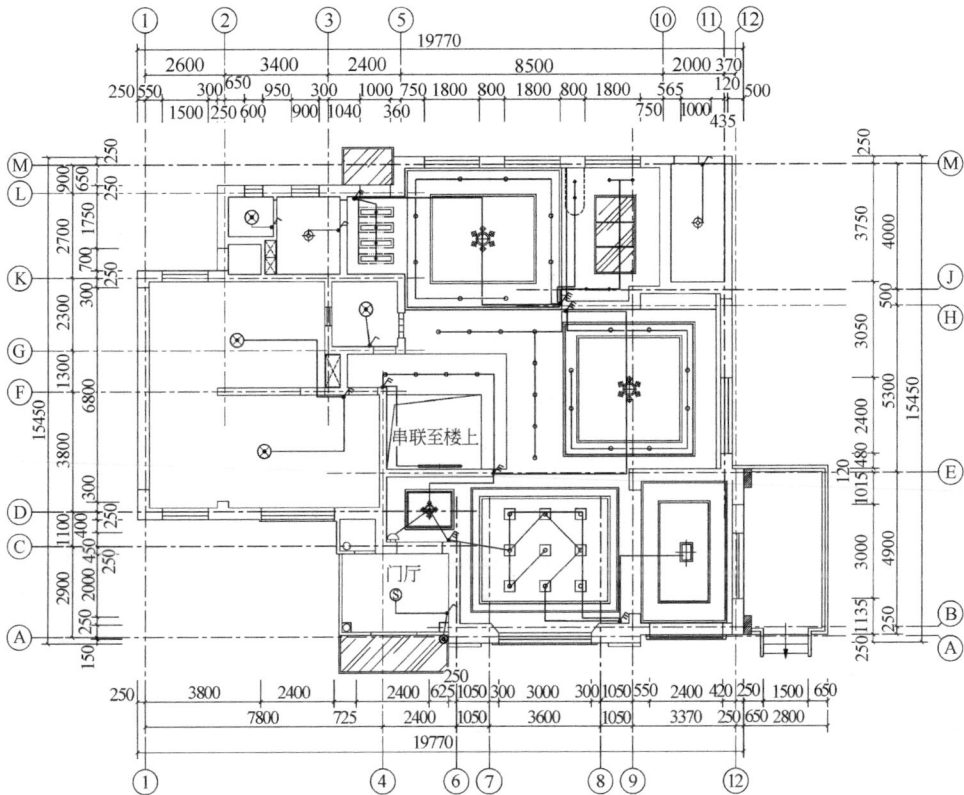

图 10-1 一层照明平面图 1 : 100

	单极暗装开关 250V,10A		双控开关 250V,10A		门铃
	双极暗装开关 250V,10A		调光开关		门铃按钮
	三极暗装开关 250V,10A	⊗	防水防尘灯	Ⓢ	带声光控底座的吸顶灯

图 例 说 明

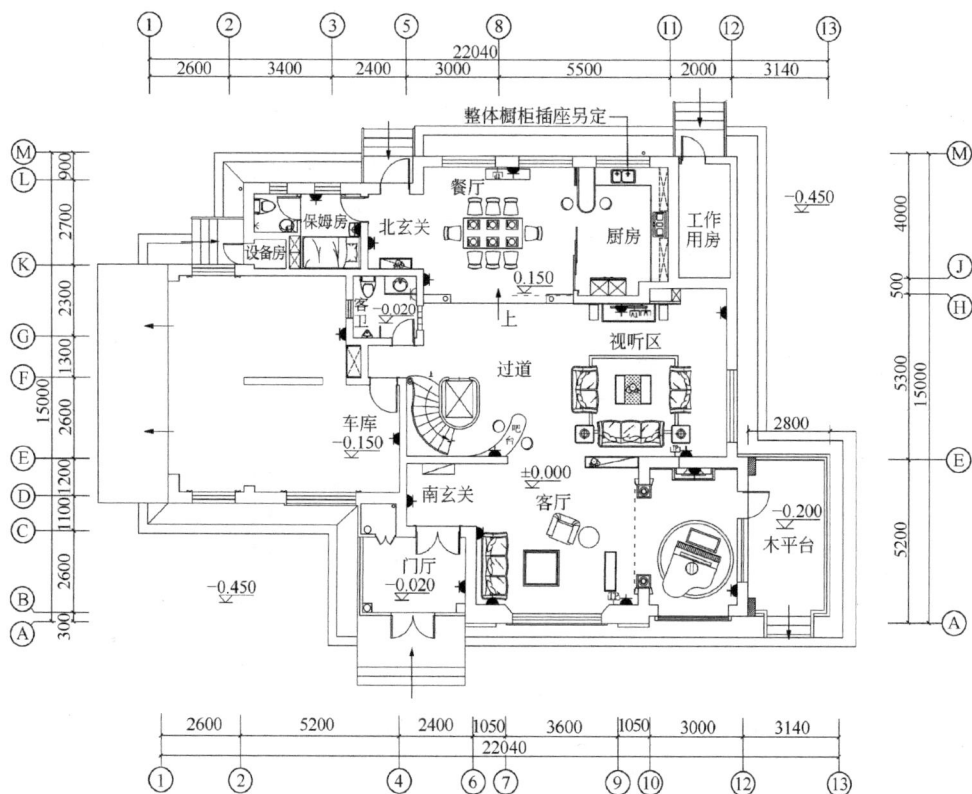

图 例 说 明					
⬆	安全型单相2/3极组合插座	TV	有线电视插座	▽	音响插座
△	防溅型单相2/3极组合插座	TP	电话插座		
⊕	单相2/3极组合地插座	TO	网络插座		

图 10-2 一层插座平面图 1:100

参考文献

[1] 中华人民共和国建设部主编. 房屋建筑制图标准. 北京：中国计划出版社，2002.

[2] 中华人民共和国建设部主编. 总图制图标准. 北京：中国计划出版社，2002.

[3] 中华人民共和国建设部主编. 建筑制图标准. 北京：中国计划出版社，2002.

[4] 中华人民共和国建设部主编. 建筑结构制图标准. 北京：中国计划出版社，2002.

[5] 中华人民共和国建设部主编. 给水排水制图标准. 北京：中国计划出版社，2002.

[6] 同济大学建筑城市规划院主编. 风景园林图例图示标准. 北京：中国建筑工业出版社，1995.

[7] 叶晓芹，朱建国. 建筑工程制图. 重庆：重庆大学出版社，2004.

[8] 钟训正，孙钟阳，王文卿. 建筑制图(第二版). 南京：东南大学出版社，2005.